Grundwissentraining
Mathematik 7/8

C.C. BUCHNER

delta Grundwissentraining Mathematik 7/8

Herausgegeben von Ulrike Schätz und Franz Eisentraut
Bearbeitet von Christine Eisentraut, Karl-Heinz Sänger und Ulrike Schätz

Bildnachweis:
Fotolia / radopix – S. 35

Gestaltung und Herstellung:
Wildner+Designer GmbH, Fürth · www.wildner-designer.de

Dieses Werk folgt der reformierten Rechtschreibung und Zeichensetzung. Ausnahmen bilden Texte, bei denen künstlerische, philologische oder lizenzrechtliche Gründe einer Änderung entgegenstehen.

1. Auflage   4 3 2 1   2017 2015 2013

Die letzte Zahl bedeutet das Jahr dieses Druckes.
Alle Drucke dieser Auflage sind, weil untereinander unverändert, nebeneinander benutzbar.

© C.C.Buchners Verlag, Bamberg 2013. Das Werk und seine Teile sind urheberrechtlich geschützt. Jede Verwertung in anderen als den gesetzlich zugelassenen Fällen bedarf der vorherigen schriftlichen Einwilligung des Verlags.
Das gilt insbesondere auch für Vervielfältigungen, Übersetzungen und Mikroverfilmungen.Hinweis zu §52 a UrhG: Weder das Werk noch seine Teile dürfen ohne eine solche Einwilligung eingescannt und in ein Netzwerk eingestellt werden. Dies gilt auch für Intranets von Schulen und sonstigen Bildungseinrichtungen.

www.ccbuchner.de

ISBN 978-3-7661-**6137**-6

Inhaltsverzeichnis

		Seite
Kapitel 1:	Achsensymmetrische und punktsymmetrische Figuren	4
Kapitel 2:	Winkelbetrachtungen an Figuren	8
Kapitel 3:	Terme	10
Kapitel 4:	Rechnen mit Termen	12
Kapitel 5:	Gleichungen	14
Kapitel 6:	Mathematik im Alltag	18
Kapitel 7:	Das Dreieck als Grundfigur; Kongruenz	22
Kapitel 8:	Besondere Dreiecke	24
Kapitel 9:	Konstruktionen an Dreiecken und Vierecken	26
Kapitel 10:	Funktionale Zusammenhänge	28
Kapitel 11:	Lineare Funktionen	30
Kapitel 12:	Lineare Ungleichungen	32
Kapitel 13:	Umfangslänge und Flächeninhalt des Kreises	34
Kapitel 14:	Lineare Gleichungssysteme mit zwei Variablen	36
Kapitel 15:	Zufallsexperimente; Ergebnisse; Ereignisse; Zählprinzip	38
Kapitel 16:	Relative Häufigkeit; Wahrscheinlichkeit	40
Kapitel 17:	Gebrochenrationale Funktionen	42
Kapitel 18:	Bruchterme	44
Kapitel 19:	Bruchgleichungen	46
Kapitel 20:	Zentrische Streckung; Strahlensätze; Ähnlichkeit	48

Lösungen auf CD

Kapitel 1: Achsensymmetrische und punktsymmetrische Figuren

Achsensymmetrische Figuren

Eine Figur ist **achsensymmetrisch**, wenn man sie so falten kann, dass ihre beiden Teile genau aufeinander passen; die Faltkante heißt dann **Symmetrieachse**.

Zueinander achsensymmetrische Strecken sind gleich lang. Zueinander achsensymmetrische Winkel sind gleich groß und haben entgegengesetzten Drehsinn.

Jeder Punkt der Symmetrieachse ist von zueinander achsensymmetrischen Punkten gleich weit entfernt.

Die Verbindungsstrecke zueinander achsensymmetrischer Punkte wird von der Symmetrieachse rechtwinklig halbiert.

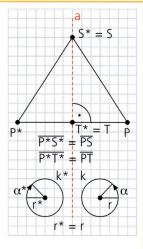

Punktsymmetrische Figuren

Eine Figur heißt **punktsymmetrisch**, wenn sie bei einer Drehung um 180° um einen Punkt Z (**Symmetriezentrum**) mit sich zur Deckung kommt.

Zueinander punktsymmetrische Strecken sind gleich lang und zueinander parallel. Zueinander punktsymmetrische Winkel sind gleich groß und haben gleichen Drehsinn. Die Verbindungsstrecke zueinander punktsymmetrischer Punkte wird vom Symmetriezentrum halbiert.

Symmetrische Vierecke

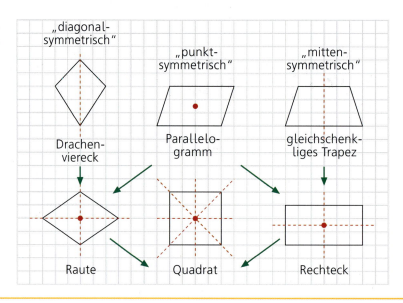

Kapitel 1: Achsensymmetrische und punktsymmetrische Figuren

Aufgaben

1. Welche der acht Figuren sind achsensymmetrisch, welche punktsymmetrisch? Trage die Symmetrieachsen und Symmetriezentren farbig ein.

2. Ergänze die Tabelle durch folgende Figuren:
Rechteck, Quadrat, gleichschenkliges Trapez, gleichschenkliges Dreieck, gleichseitiges Dreieck, Drachenviereck, Raute, Kreis.

Figur	Anzahl der Symmetrieachsen	Symmetriezentrum
Parallelogramm	Ein Parallelogramm, das kein Rechteck ist, hat keine Symmetrieachse.	Schnittpunkt der Diagonalen
...	...	...

3. Das Viereck ANDI ist achsensymmetrisch zur Diagonalen [NI].
   a) Finde in der Abbildung möglichst viele Paare gleich langer Strecken und möglichst viele Paare gleich großer Winkel.
   b) Berechne den Flächeninhalt des Vierecks ANDI für $\overline{AD}$ = 3 cm und $\overline{NI}$ = 8 cm.
   c) Zeichne ein Viereck $A_1N_1D_1I_1$ mit $\overline{A_1D_1}$ = 3 cm und $\overline{N_1I_1}$ = 8 cm, das zu N_1I_1 und zu A_1D_1 achsensymmetrisch ist, und berechne seinen Flächeninhalt. Was fällt dir auf?

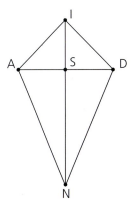

4. Trage die Punkte A (–2 | 1), B (3 | –1) und C (1 | 2) in ein Koordinatensystem (1 LE = 1 cm) ein.
   a) A_1, B_1 bzw. C_1 sind die Spiegelpunkte von A, B bzw. C bei Spiegelung an der y-Achse. Trage die Punkte A_1, B_1 und C_1 in das Koordinatensystem ein und gib ihre Koordinaten an.
   b) Von welcher Art sind die Vierecke B_1BA_1A und B_1BCC_1? Begründe deine Antwort mithilfe der Eigenschaften der Achsenspiegelung.
   c) Berechne die Flächeninhalte der Vierecke B_1BA_1A und B_1BCC_1. Um wie viel Prozent ist der Flächeninhalt des Vierecks B_1BCC_1 größer als der des Vierecks B_1BA_1A? Um wie viel Prozent ist der Flächeninhalt des Vierecks B_1BA_1A kleiner als der des Vierecks B_1BCC_1?

5. Trage das Dreieck ABC mit A (–3 | 1), B (0 | 0) und C (1 | 4) sowie den Punkt Z (2 | 1) in ein Koordinatensystem (1 LE = 1 cm) ein.
   a) Konstruiere das Bilddreieck A'B'C', das bei Spiegelung des Dreiecks ABC am Punkt Z entsteht, und gib die Koordinaten der Punkte A', B' und C' an.
   b) Von welcher Art ist das Viereck BC'B'C? Begründe deine Antwort mithilfe der Eigenschaften der Punktspiegelung.
   c) Berechne auf zwei Arten den Flächeninhalt des Vierecks BC'B'C. Miss hierzu zunächst die zur Berechnung notwendigen Streckenlängen im Koordinatensystem.

Kapitel 1: Achsensymmetrische und punktsymmetrische Figuren

6. Trage in ein Koordinatensystem (Platzbedarf: $-4 < x < 9$; $-5 < y < 7$; 1 LE = 1 cm) die Punkte A (1 | 2), B (2 | 4), C (–1 | 5), P (2 | 0), Q (4 | 3) und R (5 | –1) sowie die Geraden a = PQ, b = PR und das Dreieck ABC ein.
   a) Konstruiere das Dreieck A'B'C', das durch Spiegelung von ABC an a entsteht.
   b) Zeichne das Dreieck A"B"C", das durch Spiegelung von A'B'C' an b entsteht.
   c) Zeichne das Dreieck A'''B'''C''', das durch Spiegelung von A"B"C" an a entsteht.
   d) Konstruiere die Symmetrieachse m der Punkte C und C''' und überprüfe, ob m auch Symmetrieachse der Punkte B und B''' bzw. A und A''' ist.

7. Trage in ein Koordinatensystem (Platzbedarf: $-4 < x < 8$; $-4 < y < 6$; 1 LE = 1 cm) die Punkte A (–3 | 1), B (0 | 2), C (–2 | 4), P (2 | 3) und Q (3 | 1) sowie das Dreieck ABC ein.
   a) Konstruiere das Dreieck A'B'C', das durch Spiegelung von ABC an P entsteht.
   b) Zeichne das Dreieck A"B"C", das durch Spiegelung von A'B'C' an Q entsteht.
   c) Ermittle die Symmetriezentren Z_1 bzw. Z_2 bzw. Z_3 der Punkte A und A" bzw. B und B" bzw. C und C". Zeichne das Dreieck $Z_1Z_2Z_3$. Was fällt dir auf?
   d) Berechne den Flächeninhalt des Dreiecks ABC, *ohne* die Längen der Dreiecksseiten im Koordinatensystem zu messen.

Hinweis zu 7. d):
Das Dreieck ABC ist Teilfläche eines Quadrats der Seitenlänge 3 cm.

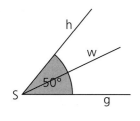

8. Zeichne zwei Halbgeraden g und h mit dem gemeinsamen Anfangspunkt S, die miteinander einen Winkel der Größe α = 50° einschließen, und konstruiere die Winkelhalbierende w dieses Winkels.
   a) Trage den Punkt P auf w mit $\overline{SP} \approx 5$ cm ein. Fälle die Lote von P auf die Halbgeraden g und h; die Fußpunkte dieser Lote sind G bzw. H. Vergleiche die Dreiecke SGP und SPH miteinander. Was fällt dir auf?
   b) Zeichne einen Kreis k um S mit 6 cm langem Radius. Die Schnittpunkte von k mit g bzw. h sind U bzw. V. Errichte in U bzw. V jeweils das Lot auf g bzw. h. Der Schnittpunkt der beiden Lote ist T. Was fällt dir auf?

9. Zeichne zwei Kreise k_1 und k_2 mit $r_1 = r_2 = 3$ cm und den Mittelpunkten M_1 und M_2, deren Entfernung voneinander $\overline{M_1M_2} = d$ beträgt. Konstruiere die Spiegelachse a, die zu der Spiegelung gehört, die k_1 auf k_2 abbildet, für
   a) d = 8 cm.   b) d = 6 cm.   c) d = 4,5 cm.   d) d = 1,5 cm.
   Für welche Entfernungen d kannst du die Spiegelachse a unmittelbar eintragen, ohne dass weitere Konstruktionslinien notwendig sind?

10. Zeichne mit dem Geodreieck eine Strecke der Länge s = 13 cm und konstruiere dann jeweils eine Strecke der Länge
    a) $\frac{1}{2}$ s   b) $\frac{3}{4}$ s   c) 62,5% von s   d) 16,25 cm.

11. Zeichne mit dem Geodreieck einen Winkel der Größe α = 150° und konstruiere dann jeweils einen Winkel der Größe
    a) $\frac{1}{2}$ α   b) $\frac{3}{4}$ α   c) $\frac{1}{8}$ α   d) $\frac{5}{8}$ α.

12. Zeichne eine Strecke [AB] der Länge 5,8 cm und konstruiere die Mittelpunkte M_1 und M_2 der beiden Kreise mit Radiuslänge 4,2 cm, die durch A *und* durch B verlaufen.

Kapitel 1: Achsensymmetrische und punktsymmetrische Figuren

13. a) Zeichne eine Gerade g und wähle auf ihr einen beliebigen Punkt F. Errichte in F durch Konstruktion das Lot l zu g.

b) Konstruiere eine zu g parallele Gerade h, die von g den Abstand d = 5,5 cm besitzt.

c) Konstruiere die Mittelparallele m von g und h.

14. Zeichne mit dem Geodreieck zwei zueinander parallele Geraden g_1 und g_2, deren Abstand voneinander kleiner als 6 cm ist. Konstruiere dann eine Gerade h, deren Abstand von g_1 dreimal so groß ist wie der von g_2.

15. Welche Vierecke werden hier steckbrieflich gesucht?

① Ich bin eine rechteckige Raute.

② Ich bin achsensymmetrisch, aber nicht punktsymmetrisch und habe zueinander parallele Seiten.

③ Ich bin punktsymmetrisch und habe genau zwei Symmetrieachsen.

④ Ich besitze genau eine Symmetrieachse und zwei Paare von gleich langen Seiten.

⑤ Ich besitze vier gleich lange Seiten und vier gleich große Winkel.

⑥ Ich besitze genau eine Symmetrieachse und genau ein Paar von gleich langen Seiten.

16. Trage die Punkte A (–2 | –1), B (4 | 1) und C (3 | 4) in ein Koordinatensystem ein.

a) A, B und C sind Eckpunkte des Rechtecks $ABCD_1$. Konstruiere D_1, gib seine Koordinaten an und zeichne das Rechteck $ABCD_1$.

b) A, B und C sind Eckpunkte des Parallelogramms D_2BCA, dessen Eckpunkt D_2 im III. Quadranten liegt. Konstruiere D_2, gib seine Koordinaten an und zeichne D_2BCA.

c) Beschreibe das Viereck D_1D_2BC in Worten möglichst umfassend.

d) Gregor schlägt zur Berechnung des Flächeninhalts des Vierecks D_1D_2BC die Rechenausdrücke (I) bis (IV) vor. Leider hat sich ein Fehler eingeschlichen. Finde den falschen Rechenausdruck heraus und erläutere die drei anderen Rechenausdrücke.

(I) $\frac{1}{2} \cdot (\overline{D_1D_2} + \overline{BC}) \cdot \overline{AB}$

(II) $\frac{1}{2} \cdot \overline{AB} \cdot \overline{BC} \cdot 3$

(III) $\frac{1}{2} \cdot \overline{CD_1} \cdot \overline{D_1D_2}$

(IV) $\overline{AB} \cdot \overline{BC} + \frac{1}{2} \cdot \overline{AB} \cdot \overline{AD_2}$

17. Zeichne ein Parallelogramm, ein Rechteck, ein Quadrat, ein Trapez, ein Drachenviereck, eine Raute und ein weiteres Viereck, das zu keiner dieser Arten gehört. Trage dann bei jedem dieser Vierecke die Mittelpunkte seiner Seiten ein. Wenn du die Mittelpunkte benachbarter Viereckssseiten miteinander verbindest, entsteht jeweils ein neues Viereck, das sogenannte Mittenviereck. Trage in jedes dieser sieben Vierecke sein Mittenviereck ein. Was fällt dir auf?

Kapitel 2: Winkelbetrachtungen an Figuren

Winkel

Schenkel
Scheitel S, α

rechte Winkel am Geodreieck

Die Größe eines Winkels wird in Grad (°) gemessen. Jeder rechte Winkel hat 90°.

Nach ihrer Größe unterscheiden wir folgende **Winkelarten**:

$0° < α < 90°$
spitzer Winkel

$β = 90°$
rechter Winkel

$90° < γ < 180°$
stumpfer Winkel

$δ = 180°$
gestreckter Winkel

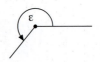
$180° < ε < 360°$
überstumpfer Winkel

$φ = 360°$
Vollwinkel

Scheitelwinkel, Nebenwinkel

Scheitelwinkelpaare:
α und γ; β und δ
Scheitelwinkel sind gleich groß:
$α = γ$; $β = δ$

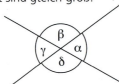

Nebenwinkel: α und β
Nebenwinkel bilden miteinander einen gestreckten Winkel:
$α + β = 180°$

Winkelbezeichnung

$α = ∢(g; h)$

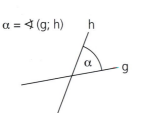

$β = ∢ ASB$

Wechselwinkel und Stufenwinkel an parallelen Geraden

Wechselwinkelpaare: ε und δ; γ und φ
Wechselwinkel an parallelen Geraden sind gleich groß: $ε = δ$; $γ = φ$
Stufenwinkelpaare: α und δ; γ und β
Stufenwinkel an parallelen Geraden sind gleich groß: $α = δ$; $γ = β$

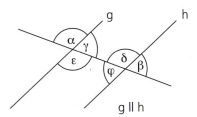
g ∥ h

Winkelsumme

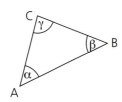

Die Summe der Innenwinkel jedes Dreiecks beträgt 180°:
$α + β + γ = 180°$.
Die Summe der Innenwinkel jedes (ebenen) Vierecks beträgt 360°:
$α + β + γ + δ = 360°$.

Kapitel 2: Winkelbetrachtungen an Figuren

Aufgaben

1. Gib bei beiden Zeichnungen an, welche der Winkel Scheitelwinkel und welche der Winkel Nebenwinkel zueinander sind.
   a) b)

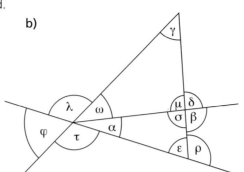

Finde in Figur b) jeweils drei Winkel, deren Summe 180° beträgt.

Warum ist $\alpha + \varepsilon + \sigma = 180°$?

2. Berechne jeweils die fehlenden Winkel und gib stets eine Begründung an.
   Hinweis: Die Abbildung gibt die Lage, nicht die Größe der Winkel wieder.

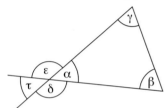

	α	β	γ	δ	ε	τ
a)	40°	80°				
b)			38,5°		115,5°	
c)		β = γ =		δ = 3·α =		

3. In jeder der beiden Abbildungen sind die Geraden g und h zueinander parallel. Berechne die Größe aller eingezeichneten Winkel und gib stets eine Begründung an.

   a) b)

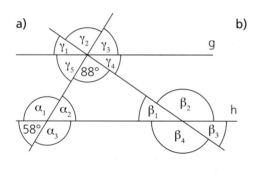
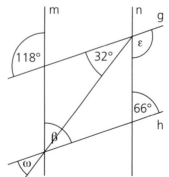

Hinweis zu b):
Benenne die Winkel, die du zur Berechnung benötigst.

Entscheide, ob die Geraden m und n in Abbildung b) zueinander parallel sind, und begründe deine Entscheidung.

4. In einem gleichschenkligen Dreieck ist der Winkel an der Spitze 2,5-mal so groß wie jeder Basiswinkel. Wie groß sind die Winkel in diesem Dreieck?

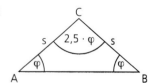

5. a) In einem Dreieck ist der größte Winkel dreimal und der mittlere Winkel doppelt so groß wie der kleinste. Finde die drei Winkelgrößen durch Nachdenken heraus und zeichne dann ein solches Dreieck.
   b) In einem Viereck ist der größte Winkel doppelt so groß wie jeder der drei übrigen Winkel. Berechne die vier Winkelgrößen und zeichne ein solches Viereck.

Kapitel 3: Terme

Terme mit Variablen

Ein Rechenausdruck oder **Term** kann außer Zahlen auch veränderliche Größen, sogenannte **Variable**, enthalten. Platzhalter wie z. B. ■ bzw. Variable wie z. B. x, y, z oder a, b, c, n halten dabei den Platz für verschiedene Einsetzungen frei. Die Zahlen, die für die Variable eingesetzt werden dürfen, bilden zusammen die **Grundmenge G**. Wird in einen Term für die Variable eine Zahl aus der Grundmenge eingesetzt, so lässt sich der zugehörige **Termwert** berechnen.

Beispiel: $T(x) = 2x^3 - 16$; $G = \{-1; 0; 2\}$
$T(-1) = 2 \cdot (-1)^3 - 16 = 2 \cdot (-1) - 16 = -2 - 16 = -18$

Äquivalente Terme

Zwei Terme mit **Variablen** heißen zueinander **äquivalent**, wenn bei jeder möglichen Einsetzung für die Variablen der eine Term stets den gleichen Wert hat wie der andere. Man kann einen Term mithilfe von Rechengesetzen in einen anderen zu ihm äquivalenten Term umformen.

Aufgaben

1. Ergänze die Tabelle. Zur Kontrolle sind in der letzten Tabellenzeile jeweils die Summenwerte der drei Termwerte angegeben.

x	−4	−1,5	−0,5	0	$\frac{1}{3}$	1	4,2	9
$T_1(x) = 3x - 4$								
$T_2(x) = x^2 + 2$								
$T_3(x) = -x(x + 1)$								
Summenwert	−10	−5	−3	−2	$-1\frac{1}{3}$	0	6,4	16

Wie viel Prozent der 24 Termwerte sind

a) negativ b) positiv c) ganzzahlig d) Primzahlen?

2. Gib zu jeder der folgenden vier Rechenvorschriften einen passenden Term an und berechne dann den jeweiligen Termwert.

a) Subtrahiere 108 vom Dreifachen von a; berechne T(41).

b) Addiere 2 zum Dreifachen von b und quadriere die Summe; berechne T(0,4).

c) Multipliziere die Hälfte von c mit dem um 2 verminderten Quadrat von c; berechne T(−6).

d) Dividiere die dritte Potenz von d durch das Produkt der beiden kleinsten zweistelligen Quadratzahlen; berechne T(5).

3. a) Multipliziere die natürliche Zahl x mit ihrem Nachfolger; berechne T(9).

b) Addiere das Sechsfache einer Zahl y zum Vierfachen dieser Zahl; berechne $T\left(\frac{1}{5}\right)$.

c) Addiere zur ganzen Zahl x ihren Vorgänger und ihren Nachfolger; berechne T(12)

d) Dividiere die natürliche Zahl x durch ihr Quadrat; berechne T(1), T(2) und T(3).

e) Substrahiere von einer natürlichen Zahl n ihren Vorgänger und addiere zu dieser Zahl n ihren Nachfolger; berechne T(7), T(8), T(15).

4. Finde jeweils durch Überlegen diejenige ganze Zahl / diejenigen ganzen Zahlen heraus, für die der Wert des Terms null ist.

a) $T(x) = 3x - 6$ b) $T(x) = 9 - x^2$ c) $T(x) = x(6 - x)$

5. Gib jeweils zunächst einen Term T(x) für den Flächeninhalt der Figur an und berechne dann T(3).

a)

b)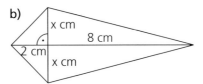

6. Lege jeweils zunächst die Bedeutung der Variablen fest und stelle dann einen Term auf.

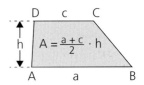

a) In einem Trapez ist eine der Parallelseiten um 50% länger als die andere. Die Höhe des Trapezes ist um 40% kürzer als die kürzere der beiden Parallelseiten. Finde einen Term zur Berechnung des Flächeninhalts des Trapezes.

b) Jakob erhält doppelt so viel Taschengeld wie Andreas. Sarah erhält 2 € weniger als Jakob. Beschreibe durch einen Term, wie viel Taschengeld alle drei zusammen erhalten.

7. Das Muster veranschaulicht die ersten drei Dreieckszahlen.

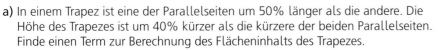

a) Stelle die vierte und die fünfte Dreieckszahl als Muster dar.

b) Gib einen Term zur Berechnung der zweiten, dritten, vierten und n-ten ($n \in \mathbb{N}$) Dreieckszahl an.

c) Stelle die ersten fünf Quadratzahlen in Form vom Punktmustern dar.

d) Begründe mithife der Muster, dass der Summenwert zweier aufeinander folgender Dreieckszahlen stets eine Quadratzahl ist.

8. Löse das Kreuzzahlrätsel, indem du die Termwerte berechnest.

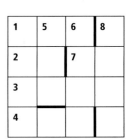

$T_1(x) = x(x - 1) + 19$ $T_2(x) = x^3 - x^2 + x + 1$ $T_3(x) = (2x + 3)^2$

$T_4(x) = 2x^3 - (3x)^2$ $T_5(x) = (x + 8)(x - 4)$ $T_6(x) = 5x + 2^9$

Waagrecht: 1 $T_1(12)$ 2 $T_2(3)$ 3 $T_6(487,6)$ 4 $T_4(9)$ 7 $T_3(2,5)$

Senkrecht: 1 $T_6(143)$ 5 $T_3(10)$ 6 $T_1(-40)$ 8 $T_5(36)$

9. Jeder der Terme $T_1(z) = z^2 - 1$, $T_2(z) = z^3 + 1$ und $T_3(z) = z^2 - z + 1$ passt zu einer der Tabellen. Ordne richtig zu und ergänze die in den Tabellen fehlenden Termwerte.

z	−1	0	1	2
T(z)	0	1	2	

z	−1	0	1	2
T(z)	0	−1		3

z	−1	0	1	2
T(z)		1	1	3

10. Lasse in den Termen $T_1(a; b)$ und $T_2(a; b)$ überflüssige Klammern und Rechenzeichen weg, bilde so zwei zu diesen Termen äquivalente Terme $T_1^*(a; b)$ und $T_2^*(a; b)$ und berechne dann die Termwerte für $a = -4$ und $b = 0,5$.

$T_1(a; b) = 2 \cdot (a \cdot b) + (14 : a) - (2 \cdot b)^2$;

$T_2(a; b) = 8 \cdot [a + (2 \cdot b)] + (b - a)^2 - [12 + (8 \cdot 5)]$

11. Erfinde jeweils einen Term T(k), für den gilt:

a) $T(0) = 1$ und $T(1) = -3$.

b) $T(-2) = 0$ und $T(0) = -2$.

c) $T(1)$ und $T(2)$ sind Primzahlen.

12. Berechne die Werte des Terms $T(x) = \frac{x^2 - 16}{x + 4}$ für $x = -2; -1; 0; 1; 2; 3; 4; 5; 6$. Was fällt dir auf?

Kapitel 4: Rechnen mit Termen

Auflösen von Klammern bei der Addition und Subtraktion

Steht vor einer Klammer ein **Pluszeichen**, so kann man die Klammer weglassen, ohne dass sich der Wert des Terms ändert.
Steht vor einer Klammer ein **Minuszeichen**, so wird beim Auflösen der Klammer jedes **Plus**zeichen in der Klammer zu **Minus** und jedes **Minus**zeichen in der Klammer zu **Plus**.

Beispiele:
$5x + (6x + 3x) = 5x + 6x + 3x = 14x$
$5x + (6x - 3x) = 5x + 6x - 3x = 8x$
$5x + (-6x + 3x) = 5x + (-6x) + 3x = 5x - 6x + 3x = 2x$
$5x + (-6x - 3x) = 5x + (-6x) + (-3x) = 5x - 6x - 3x = -4x$
$5x - (6x + 3x) = 5x - 6x - 3x = -4x$
$5x - (6x - 3x) = 5x - 6x + 3x = 2x$
$5x - (-6x + 3x) = 5x + 6x - 3x = 8x$
$5x - (-6 - 3x) = 5x + 6x + 3x = 14x$

Multiplizieren und Dividieren

Man multipliziert ein Produkt mit einer Zahl, indem man nur **einen** der Faktoren mit dieser Zahl multipliziert; man dividiert ein Produkt durch eine Zahl, indem man nur **einen** der Faktoren durch diese Zahl dividiert.

Beispiele:
$(12 \cdot x) \cdot 2 = (12 \cdot 2) \cdot x = 24x$ $(12 \cdot x) : 2 = (12 : 2) \cdot x = 6x$

Multiplizieren und Dividieren von Summen und Differenzen

Man multipliziert eine Summe (oder eine Differenz) mit einem Faktor, indem man jedes Glied der Summe (bzw. der Differenz) mit diesem Faktor multipliziert und dann die Produkte addiert (bzw. subtrahiert).
Man dividiert eine Summe (oder eine Differenz) durch einen (von null verschiedenen) Divisor, indem man jedes Glied der Summe (bzw. der Differenz) durch diesen Divisor dividiert und dann die Quotienten addiert (bzw. subtrahiert).

Beispiele:
$2 \cdot (12 + 4x) = 2 \cdot 12 + 2 \cdot (4x) = 24 + (2 \cdot 4) \cdot x = 24 + 8x$
$(12 + 4x) : 2 = 12 : 2 + (4x) : 2 = 6 + (4 : 2) \cdot x = 6 + 2x$

Ausmultiplizieren von Klammern

Man multipliziert eine Summe (Differenz) mit einer Summe (Differenz), indem man jedes Glied der ersten Summe (Differenz) mit jedem Glied der zweiten Summe (Differenz) **unter Beachtung der Vor- und Rechenzeichen** multipliziert und dann die Teilprodukte addiert bzw. subtrahiert.

Beispiele:
$(2x + 5) \cdot (3x + 7) = 6x^2 + 14x + 15x + 35 = 6x^2 + 29x + 35$
$(2x - 5) \cdot (3x + 7) = 6x^2 + 14x - 15x - 35 = 6x^2 - x - 35$
$(2x + 5) \cdot (3x - 7) = 6x^2 - 14x + 15x - 35 = 6x^2 + x - 35$
$(2x - 5) \cdot (3x - 7) = 6x^2 - 14x - 15x + 35 = 6x^2 - 29x + 35$

Ausklammern

Durch Ausklammern eines Faktors wird aus einer Summe (Differenz) ein **Produkt**.

Beispiele:
$2x + 4y = 2 \cdot (x + 2y)$; $2abx + 6abc = 2ab \cdot (x + 3c)$; $-4 - y = (-1) \cdot (4 + y) = -(4 + y)$

Kapitel 4: Rechnen mit Termen

Aufgaben

1. Multipliziere jeweils aus, fasse möglichst weitgehend zusammen und berechne dann den Termwert für die angegebene Zahl.
   a) $T(a) = 2(6a + 2a^2)$; $T(-3)$
   b) $T(b) = 2b(6b^2 - 4)$; $T(-0,5)$
   c) $T(c) = (2c - 5)(1 - 1,5c)$; $T(4)$
   d) $T(d) = (3d - 2)^2$; $T(-1)$
   Wie viel Prozent der berechneten Termwerte sind natürliche Zahlen?

2. Klammere aus dem Term $6x - 8y$ den Faktor 2, aus dem Term $-14ax + 21bx$ den Faktor $-7x$ und aus dem Term $x^3 - 5x^2y$ den Faktor x^2 aus.

3. Auf jedem Stein der Termmauer steht die (vereinfachte) Summe der Terme, die auf den beiden Steinen direkt darunter stehen. Vervollständige die Termmauer.

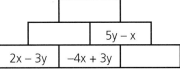

4. Schreibe jeweils den Angabetext als Term und vereinfache dann diesen Term.
   a) Addiere die Differenz $3a - 2b$ zu $-6b$.
   b) Subtrahiere die doppelte Summe aus $4x$ und $7y$ von der Summe aus $3x$ und $12y$.
   c) Multipliziere das Quadrat der Differenz $x^2 - 1$ mit der Zahl -3.

5. Vereinfache die Terme möglichst weitgehend.
   a) $2a + (3a - 4b)$
   b) $4x^2 - (2 + 5x^2) + 8$
   c) $3y(2y - 5z) + 7yz$
   d) $1,2d(3 - 8d) - 0,6\,d$
   e) $3(-2x + 4y) - (1,5x - 12y)$
   f) $(2t + 3s) \cdot (7t - 2s)$
   g) $(x + 3)(x - 3) - x^2$
   h) $2a(a - 2) - a(1 - 2a)$
   i) $(x + 1)(-x - 1) - 2x^2$
   j) $(b - x) \cdot (-2) + (b + x) \cdot 3$
   k) $(9 - x) \cdot (-x) + (9 + x) \cdot (-2x)$
   l) $(x - 1)(x^2 + x + 1) - x^3$
   m) $(2x + 7y) \cdot (-3y) + (x - 2y)(2x + y)$
   n) $(4a - b) \cdot (2a + b) - (a - 3b) \cdot (5a + b)$
   o) $3a \cdot (2a - 1) - [2a^2 - a \cdot (4 - a)] + (2a - 1) \cdot (3a + 5)$
   p) $(1,2x + 4y) \cdot (5x - 0,5y) + \{6,4x^2 - [1,8x \cdot (20x + y) - (-9y^2)]\} + 3,6xy$

6. Ergänze jeweils die fehlenden Variablen (◊) bzw. Koeffizienten (△) so, dass zueinander äquivalente Terme entstehen.
   a) $3a(2◊ - 4a) = 6ax - △a^2$
   b) $(5t + 3s) - (△◊ - 4s) = -2t + △s$
   c) $(-2◊ + 1,5q) \cdot (3p + △q) = -6p^2 - △◊q + 6,75q^2$

7. Gib die Umfanglänge U und den Flächeninhalt A jeder der beiden Figuren als Term an, vereinfache die Terme möglichst weitgehend und berechne dann die Termwerte für die angegebenen Zahlen.

a) 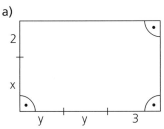 $x = 3$ $y = 2,5$

b) 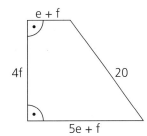 $e = 3$ $f = 4$

Kapitel 5: Gleichungen

Grundbegriffe

Eine **Gleichung** besteht aus zwei Termen, die miteinander durch ein Gleichheitszeichen verbunden sind. Wenn man anstelle der „**Unbekannten**" (der **Variablen**) eine Zahl in eine Gleichung einsetzt, kann sich eine wahre oder eine falsche Aussage ergeben.

Grundmenge G: Die (vorgegebene) Menge aller Zahlen, die zum Einsetzen in die Gleichung zur Verfügung stehen.

Lösung: Jede Zahl der Grundmenge G, die beim Einsetzen in die Gleichung eine wahre Aussage liefert.

Lösungsmenge L: Menge aller Lösungen der Gleichung. Wenn kein Element der Grundmenge G beim Einsetzen in die Gleichung eine wahre Aussage ergibt, dann ist die Lösungsmenge die **leere Menge**, geschrieben { } (oder $\emptyset$).

Lösen einer Gleichung mithilfe von Äquivalenzumformungen

Äquivalente Gleichungen (mit gleicher Grundmenge) besitzen die gleiche Lösungsmenge.

Äquivalenzumformungen sind Umformungen, bei denen sich die Lösungsmenge der Gleichung nicht ändert: Die Lösungsmenge einer Gleichung ändert sich nicht, wenn man

- zu den beiden Seiten dieser Gleichung dieselbe rationale Zahl bzw. denselben Term addiert oder von den beiden Seiten dieser Gleichung dieselbe rationale Zahl bzw. denselben Term subtrahiert.
- jede der beiden Seiten dieser Gleichung mit derselben (von null verschiedenen) rationalen Zahl multipliziert.
- jede der beiden Seiten dieser Gleichung durch dieselbe (von null verschiedene) rationale Zahl dividiert.

Beispiele:
Ermittle jeweils die Lösungsmenge L über der Grundmenge G.

$x - 5 = 2$; $G = \mathbb{Z}$	$0{,}5x = -6$; $G = \mathbb{N}$	$-2x = 4$; $G = \mathbb{Z}$	$x - 3 = -3 + x$; $G = \mathbb{Q}$
$x - 5 = 2$; $\mid +5$	$0{,}5x = -6$; $\mid \cdot 2$	$-2x = 4$; $\mid : (-2)$	$x - 3 = -3 + x$; $\mid -x + 3$
$x - 5 + 5 = 2 + 5$;	$x = -12 \notin \mathbb{N}$;	$x = -2 \in \mathbb{Z}$	$x - 3 - x + 3 = -3 + x - x + 3$;
$x = 7 \in \mathbb{Z}$;	$L = \{ \}$	$L = \{-2\}$	$0 = 0$ (wahr)
$L = \{7\}$			$L = \mathbb{Q}$

Aufgaben

1. Finde jeweils durch Einsetzen heraus, welche Elemente der angegebenen Grundmenge Lösungen der Gleichung sind, und gib dann die Lösungsmenge an.
    a) $2x + 4 = 7 - x$; $G = \{-2; -1; 0; 1; 2\}$
    b) $y \cdot (y + 3) = 10$; $G = \{-10; -5; -3; 0; 3; 5; 10\}$
    c) $4z = 1 : z - 4$; $G = \{-1; -\frac{3}{4}; -\frac{1}{2}; -\frac{1}{8}; \frac{1}{2}; 1\}$

2. Gib die jeweils notwendige Äquivalenzumformung an.
    a) $2x - 7 = x + 8$; $\mid \ldots$
       $2x = x + 15$
    b) $-12x = 36$; $\mid \ldots$
       $x = -3$
    c) $12 - 2x = 5x + 5$; $\mid \ldots$
       $7 = 7x$

Kapitel 5: Gleichungen

3. Löse folgende Gleichungen über G = ℚ.
   a) 6x = 42
   b) −9x + 1 = 4
   c) x : 4 = −0,5
   d) −3y − y = −64
   e) $\frac{2}{3}$x − 2x = 8
   f) 2(2 − x) = 2x
   g) 36z − 51 = 19z
   h) 0,4 − 0,3x = −1,2x + 1
   i) 4 − $\frac{3}{4}$y = −$\frac{2}{3}$y + 2$\frac{5}{6}$

4. Bilde Gruppen miteinander äquivalenter Gleichungen über G = ℚ.
   (A) 4x + 3 = 7x + 6
   (B) 4x = x
   (C) 5x = 8 − 2x
   (D) 7x = 8
   (E) 3x = 1
   (F) −3x = 3
   (G) 4(x + 1) = 2x − (x − 4)
   (H) 2(x − 4) = −5x
   (I) 0 = 3x

   Ordne jeder Gruppe eine der folgenden Lösungsmengen zu.
   $L_1 = \{1\}$, $L_2 = \{0\}$, $L_3 = \{\frac{7}{8}\}$, $L_4 = \{-1\}$, $L_5 = \{\frac{1}{3}\}$, $L_6 = \{1\frac{1}{7}\}$

5. Bestimme bei jeder der folgenden Gleichungen die Lösungsmenge zunächst über der Menge der rationalen und dann über der Menge der ganzen Zahlen.
   a) 2x − 8 = 6 − 5x
   b) 2($\frac{3}{4}$x + 5) − 5 = 3x
   c) (x − 2) · (−2) − 8 = 6(x − 6)
   d) $\frac{1}{2}$(4x + 5) − 2x = 3(x − 2,5)
   e) 3(5 − 3x) − 3(x + 2) = 2(2x − 12) + 1
   f) 3(1 − $\frac{1}{2}$k) − 2(1 − $\frac{1}{3}$k) = 0
   g) (x − 4)(x + 2) = (x + 4)(x − 2)
   h) 8y − 2[3 − y(y^2 − 1)] = 2y(y^2 + 2)
   i) (x − 6)(x − 9) = (x − 5)(x − 12)
   j) (x + 1)(2x + 1) = (x + 3)(2x + 3) − 14
   k) 7x(x − 6) + (x^2 − 2x + 1) · (−3) = 4x^2 − 3
   l) $\frac{1}{3}$(x − 1)(x + 2) − 1 = $\frac{1}{6}$(2x^2 + 4)

6. Louis hat bei seinen Mathematik-Hausaufgaben Fehler gemacht. Finde und erkläre die Fehler und verbessere sie in deinem Heft.

a) x + 12 = 26; x = 38	b) −2x = 17; x = 8,5	c) −8 = 13 − x; x = −21	d) $\frac{3}{4}$x = 12; x = 9

7. Stelle jeweils eine Gleichung auf und ermittle dann alle Seitenlängen der Figuren.
   a) Der Umfang des Dreiecks ist 12 cm lang.
   b) Das Trapez hat eine Umfangslänge von 16,1 cm.

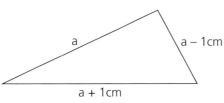
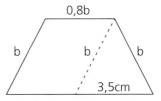

8. Löse die Zahlenrätsel.
   a) Ich denke mir eine Zahl. Dann addiere ich zu ihrem Vierfachen die Gegenzahl von 5 und verdopple den Summenwert; so erhalte ich 54. Wie heißt die Zahl?
   b) Das Dreifache einer Zahl ist um 16 größer als die Summe aus dem 2,5-Fachen dieser Zahl und der Zahl 3. Wie heißt die Zahl?
   c) Das Sechsfache der Summe von −4 und der gesuchten Zahl ist um die Hälfte der gesuchten Zahl kleiner als das Fünffache der gesuchten Zahl.

Kapitel 5: Gleichungen

9. Löse die Gleichungen.
a) $0{,}8x - 2{,}5 = 0{,}3x + 1{,}2 - 0{,}4(x - 2)$; $G = \mathbb{Q}$.
b) $\frac{5}{6} + \frac{2}{3}(4y - 1) - 1\frac{5}{6}y = -\left(\frac{2}{3} - \frac{1}{4}y\right) + 0{,}5y$; $G = \mathbb{Z}$.
c) $\frac{3}{4}(2z - 1) - 0{,}5(4 + 3z) = 4\left(\frac{2}{3}z + \frac{1}{16}\right)$; $G = \mathbb{Q}$.

10. Die folgenden Gleichungen haben besondere Lösungsmengen. Bestimme zuerst für jede Gleichung die Lösungsmenge über $G = \mathbb{Q}$ und beschreibe dann die beiden hier auftretenden Besonderheiten in Worten.
a) $5x + 8 = -(3 - 2x) + 3x$
b) $3x - (2x + 5) + 4 = x - 1$
c) $3x(x + 1) - 3(x + 2) = x(3x - 4) - 4(1 - x) - 2$
d) $\frac{1}{2}x = 2 - \frac{1}{2}(4 - x)$
e) $\frac{1}{2}x = 2 - \frac{1}{2}(8 - x)$

11. a) In einem Dreieck mit den Innenwinkeln α, β und γ ist α dreimal so groß wie β und γ um 16° kleiner als α. Berechne die Größen der drei Innenwinkel.
b) Die Winkel σ und τ sind Nebenwinkel voneinander. Die Hälfte von σ ist um 30° größer als τ. Um wie viel Prozent ist τ kleiner als σ? Runde das Ergebnis auf ganze Prozent.

12. In der folgenden Gleichung ist eine ganze Zahl durch einen Tintenklecks verdeckt.
$2x + 6 = 4 - x + $ ▓ x
a) Welche Zahl verbirgt sich hinter dem Fleck, wenn die Gleichung die Lösung $x = 1$ besitzt?
b) Bestimme die verdeckte Zahl so, dass die Gleichung die Zahl 10 als Lösung besitzt.
c) Kann sich hinter dem Klecks eine ganze Zahl verbergen, für die die Gleichung keine Lösung besitzt?
d) Kann sich hinter dem Klecks eine ganze Zahl verbergen, für die die Gleichung die Lösungsmenge $L = \mathbb{Q}$ besitzt?

13. Bestimme die Lösungsmengen über der Grundmenge $G = \mathbb{Q}$.
a) $4x^2 - [2x + (x - 2)(4x + 1)] = 8 - 3(4x - 1)$
b) $\frac{1}{9}(4x + 3) - 1 = \frac{1}{6}(x - 3) + \frac{5}{6}$

14. a) Finde die Lösungen der Gleichung $(2x - 1) \cdot (x + 2) = 0$; ($G = \mathbb{Q}$), ohne das Produkt auszumultiplizieren.
b) Stelle eine Gleichung auf, deren Lösungsmenge über der Grundmenge $\mathbb{Q}$ $L = \{-4; 3\}$ ist.
c) Gib eine Gleichung der Form $(x + a)(x + b) = 0$ an, die $x = -4$ als einzige Lösung über $G = \mathbb{Q}$ besitzt.

Hinweis:
Ein Produkt hat genau dann den Wert null, wenn mindestens ein Faktor den Wert null hat.

15. Ordne die Lösungsmengen A bis E den Gleichungen (I) bis (V) richtig zu.

(I) $4x - 16 = 3x$;	$G = T_{80}$	A	$L = \{256\}$
(II) $427 + x = 683$;	G ist die Menge aller Quadratzahlen	B	$L = \{\}$
(III) $x(x - 2) = x^2 - 2x$;	$G = \mathbb{N}_0$	C	$L = \{3\}$
(IV) $8^x = 512$;	G ist die Menge aller Primzahlen	D	$L = \mathbb{N}_0$
(V) $x^2 + 2 = 1$;	$G = \mathbb{N}_0$	E	$L = \{16\}$

Kapitel 5: Gleichungen

16. a) In der Oberstufe können die Schüler und Schülerinnen im Sportunterricht zwischen verschiedenen Sportarten wählen; f Schüler der 11. Jahrgangsstufe haben Fußball gewählt, b Schüler Basketball und v Schüler Volleyball. Beschreibe in Worten die Aussage jeder der folgenden Gleichungen.
(I) $v + b + f = 80$ (II) $v + 2 = f$ (III) $b = 3f + 2$
(IV) $f + v = b - 20$ (V) $b - f = 34$ (VI) $5f = 80$

b) Finde heraus, wie viele Schüler die einzelnen Sportarten gewählt haben, und überprüfe dann dein Ergebnis anhand aller sechs Gleichungen.

c) Gib die prozentuale Verteilung der Schüler auf die drei Sportarten in Form einer Tabelle an und erstelle ein Kreisdiagramm.

17. a) Gegeben ist die Gleichung $k \cdot x - 2 = 8$ ($k \in \mathbb{Q}^+$). Löse die Gleichung für $k = 10$, $k = 2$, $k = 1$, $k = 0{,}5$ und $k = 0{,}1$. Wie verändert sich die Lösung der Gleichung, wenn k größer wird?

b) Gegeben ist die Gleichung $5x - 2 = t$. Löse die Gleichung für $t = 20$, $t = 8$, $t = 1$, $t = -1$, $t = -10$ und $t = -52$. Wie verändert sich die Lösung der Gleichung, wenn t kleiner wird?

c) Gegeben ist die Gleichung $5x - p = 8$. Für welchen Wert von p hat die Gleichung die Lösung $x = 0$, für welchen Wert von p hat sie die Lösung $x = -1$? Für welchen Wert von p hat die Gleichung die Lösung $x = p$?

18. Sarah kauft für ihre Geburtstagsfeier Schokolade. Eine Tafel der Marke „Schoko-Schleck" kostet 78 ct, eine Tafel der Marke „Alpen-Snack" 89 ct. Sarah kauft 17 Tafeln Schokolade und bezahlt dafür 14,80 €. Wie viele Tafeln kauft sie von jeder Sorte?

19. Antje, Beate und Evmarie haben gemeinsam ein Lotterielos gekauft. Evmarie hat 2,5-mal so viel beigesteuert wie Beate, Antje 30% mehr als Beate.

a) Wie kann ein Gewinn von 10 800 € gerecht auf die drei Frauen aufgeteilt werden? Zeichne ein Kreisdiagramm.

b) Um wie viel Prozent ist der Anteil von Antje kleiner als der von Evmarie?

20. Von einem Brückenpfeiler ist ein Viertel zur Verankerung im Flussbett versenkt; 60% des Pfeilers ragen aus dem Wasser. Die Wassertiefe beträgt 5,4 m.

a) Welche Länge hat der Pfeiler insgesamt?

b) Wie viel Prozent der Pfeilerlänge befinden sich im Boden, wie viel im Wasser? Veranschauliche die Situation mit einem Säulendiagramm.

21. Verkürzt man zwei einander gegenüberliegende Seiten eines Quadrats um je 2 cm und verlängert man gleichzeitig die beiden anderen Seiten um je 8 cm, so entsteht ein Rechteck, dessen Flächeninhalt um 8 cm² größer ist als der des Quadrats. Ermittle die Seitenlängen des Quadrats und des Rechtecks.

22. a) Der Oberflächeninhalt eines Würfels nimmt um 192 cm² ab, wenn man die Kanten um je 2 cm verkürzt. Bestimme die Kantenlänge des ursprünglichen Würfels.

b) Der Oberflächeninhalt eines Würfels nimmt um 378 cm² zu, wenn die Kantenlänge jeweils um ein Drittel zunimmt. Bestimme die Kantenlänge des ursprünglichen Würfels.

Kapitel 6: Mathematik im Alltag

Anteile als Brüche, als Dezimalzahlen und in Prozent

Um Anteile besser vergleichen zu können, werden sie häufig in **Prozent** (geschrieben: %) angegeben. 1% bedeutet $\frac{1}{100} = 0{,}01$.

Häufige Prozentsätze: $10\% = \frac{10}{100} = \frac{1}{10} = 0{,}10$; $25\% = \frac{25}{100} = \frac{1}{4} = 0{,}25$;

$50\% = \frac{50}{100} = \frac{1}{2} = 0{,}50$; $75\% = \frac{75}{100} = \frac{3}{4} = 0{,}75$; $100\% = \frac{100}{100} = 1$.

Grundwert, Prozentsatz, Prozentwert

Das **Ganze**, dessen Anteile verglichen werden, bildet den **Grundwert**. Jeden **Anteil** am Ganzen, also am Grundwert, kann man (in **Bruchform** oder) in **Prozent** angeben; er stellt den **Prozentsatz** dar. Der jeweilige Teil des Ganzen bildet den **Prozentwert**.

Beispiel: An der Klassensprecherwahl beteiligten sich 30 Kinder; Gregor erhielt 24 Stimmen. Wie viel Prozent der Stimmen erhielt er?

Lösung: Grundwert: 30; Prozentwert: 24;
Prozentsatz (Anteil in %): $\frac{24}{30} = \frac{4}{5} = \frac{80}{100} = 80\%$.

- Wird der Grundwert (z. B. der Preis einer Ware) um p Prozent erhöht, so steigt er auf das $\left(1 + \frac{p}{100}\right)$-Fache des ursprünglichen Werts.

- Wird der Grundwert (z. B. der Preis einer Ware) um p Prozent vermindert, so nimmt er auf das $\left(1 - \frac{p}{100}\right)$-Fache des ursprünglichen Werts ab.

Tabellen und Diagramme

Tabelle:

Note	1	2	3	4	5	6
Anzahl	2	6	10	6	4	2
Anteil in Prozent	≈ 7%	20%	≈ 33%	20%	≈ 13%	≈ 7%

Säulendiagramm:

Bilddiagramm:

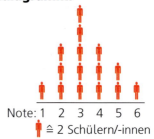

≙ 2 Schülern/-innen

Kreisdiagramm:

Blockdiagramm (Streifendiagramm):

| 1 | 2 | 3 | 4 | 5 | 6 |

Arithmetisches Mittel

$$\text{Arithmetisches Mittel} = \frac{\text{Summe aller Einzelwerte}}{\text{Anzahl aller Einzelwerte}}$$

Beispiel:
Einzelwerte: 4,5 m; 4,1 m; 3,8 m

Arithmetisches Mittel (Mittelwert): $\frac{4{,}5\ m + 4{,}1\ m + 3{,}8\ m}{3} = \frac{12{,}4\ m}{3} \approx 4{,}1\ m$

Kapitel 6: Mathematik im Alltag

Aufgaben

1. Berechne jeweils möglichst im Kopf.
   a) 19% von 150 €   b) 120% von 120 kg   c) 5 cm von 8 m
   d) 12,5% von 160   e) 25% von wie viel Euro sind 65 €?
   f) 20% von 40% von 800   g) 250% von welcher Zahl sind 100?

2. Berechne die fehlenden Größen.

Grundwert	95 €		28 cm	3 800	52	
Prozentsatz	15,6%	144%		0,45%		7,5%
Prozentwert		396 kg	6,4 m		365	3,60 €

3. Berechne den ursprünglichen Preis des rechts abgebildeten Pullovers.

4. Bei der Wahl zum Bayerischen Landtag im September 2008 erhielten die Freien Wähler 10,2% der abgegebenen gültigen Stimmen und damit um 6,2 Prozentpunkte mehr als bei der Wahl 2003.
   a) Um wie viel Prozent hat sich das Wahlergebnis der Freien Wähler 2008 gegenüber 2003 verbessert?
   b) Insgesamt erhielten die Freien Wähler 2008 rund 1,1 Millionen Stimmen. Wie viele Stimmen erhielten sie 2003 ungefähr?

5. a) Ein Möbelhaus bietet eine Sitzgruppe für 3 600 € zzgl. 19% Mehrwertsteuer an. Selbstabholer sparen 10%; Barzahler erhalten 5% Rabatt auf den (ggf. reduzierten) Preis. Frau Zoll kauft die Sitzgruppe, bezahlt bar und nimmt die Sitzgruppe auch selbst mit. Berechne, wie viel Frau Zoll für die Sitzgruppe zahlen muss und wie viel Frau Zoll gespart hat.
   b) Das Emmy-Noether-Gymnasium wird von 900 Schülern und Schülerinnen besucht, 480 von ihnen sind Mädchen. Das Sonja-Kovalevskaja-Gymnasium besuchen 375 Mädchen und 360 Jungen. In welcher der beiden Schulen ist der Prozentsatz der Mädchen größer?
   c) Die Terrasse von Familie Roth soll neu mit Platten belegt werden; für das Belegen sind 300 Platten erforderlich. Wie viele Platten müssen bestellt werden, wenn erfahrungsgemäß 20% der Platten zu Bruch gehen?
   d) Ein Badeanzug kostet 84,60 €. Der Boutique-Besitzer verkauft seine Ware 20% teurer, als er sie eingekauft hat. Berechne, wie viel der Badeanzug im Einkauf gekostet hat.

6. Berechne den Mittelwert der sechs Zahlen 2; 4,8; −2,5; 12; 0,25; −3,05. Um wie viel Prozent ist die größte dieser sechs Zahlen größer als der Mittelwert? Um wie viel Prozent weicht die Zahl mit dem kleinsten Betrag vom Mittelwert ab?

7. Lovis hat im nebenstehenden Säulendiagramm dargestellt, wie viel Zeit (in Minuten) er jeden Tag für seine Hausaufgaben benötigt hat. Berechne, wie viel Zeit er durchschnittlich pro Tag für seine Hausaufgaben gebraucht hat.

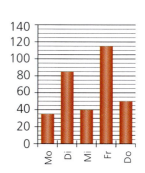

8. Zwei Würfel wurden 50-mal geworfen, die Augensummenwerte wurden dann in einer Tabelle dargestellt:

Augensummenwert	2	3	4	5	6	7	8	9	10	11	12
Absolute Häufigkeit	1	4	5	4	3	10	5	8	8	2	0

a) Zeichne ein Säulendiagramm für die absoluten Häufigkeiten.
b) Erstelle eine Tabelle und ein Kreisdiagramm für die relativen Häufigkeiten.

Kapitel 6: Mathematik im Alltag

9. a) 100g „normale" Chips haben 600 kcal; bei der „Light-Variante" sind es 510 kcal. Um wie viel Prozent haben „normale" Chips mehr Kalorien als „Light-Chips"?

b) 100 g „Light-Chips" enthalten 28 g Fett; das sind 30% weniger Fett als in „normalen" Chips. Finde heraus, wie viel Gramm Fett 100 g „normale" Chips enthalten.

10. Lisette hat einen Ferienjob auf einem Tennisplatz; für 6 Arbeitsstunden erhält sie 39 €.

a) Wie viel erhält Lisette für 15 Arbeitsstunden?

b) Wie viele Stunden lang hat Lisette gearbeitet, wenn sie 81,15 € erhält?

11. In einem Online-Shop im Internet wird ein tragbarer DVD-Player zunächst für 99,99 € angeboten. Später wird der Preis dieses DVD-Players um 20% reduziert. Wenn man den Rechnungsbetrag vom Bankkonto abbuchen lässt, erhält man auf den reduzierten Preis nochmals 5% Rabatt.

a) Frau Specht bestellt den DVD-Player und lässt den Rechnungsbetrag von ihrem Bankkonto abbuchen. Berechne, wie viel von ihrem Konto abgebucht wird; runde dabei auf Cent.

b) Peter Specht hat ausgerechnet, dass vom Konto seiner Mutter auf Cent gerundet 74,99 € abgebucht werden sollten. Erläutere, welchen Fehler Peter bei seiner Rechnung gemacht hat.

12. Ein Internetportal bietet Zusatzprogramme für Smartphones an. Bei jedem Verkauf eines solchen Programms erhält der Betreiber des Portals 30% des Verkaufspreises; den Rest erhält der Entwickler des Programms. Der Entwickler des Programms möchte bei jedem Verkauf 1,40 € erhalten. Ermittle den festzulegenden Verkaufspreis.

13. Bei der Überprüfung der Fahrräder der 7. Klassen wurden bei 40% keine Mängel, bei 35% leichte Mängel und bei 20% schwere Mängel festgestellt; die übrigen sechs Fahrräder waren verkehrsuntüchtig.

a) Wie viele Fahrräder wurden überprüft?

b) Ergänze die Tabelle und zeichne ein passendes Kreisdiagramm.

	keine Mängel	leichte Mängel	schwere Mängel	verkehrs-untüchtig
Prozentsatz	40%			
Anzahl				6
Mittelpunkts-winkel				18°

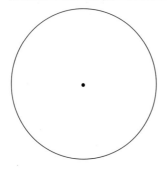

14. Familie Roth hat eine Gasheizung. Das Diagramm zeigt den jährlichen Gasverbrauch in m³ für die Jahre 2010 bis 2012.

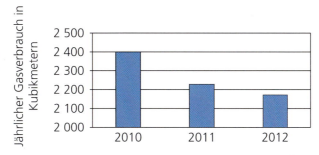

a) Erläutere, warum bei diesem Säulendiagramm leicht der Eindruck ensteht, dass der Gasverbrauch in den Jahren 2010 bis 2012 stärker gesunken ist, als dies in Wirklichkeit der Fall war.

b) Der Gasverbrauch lag im Jahr 2010 um 25% unter dem im Jahr 2009, da inzwischen eine Solaranlage installiert worden war. Berechne, wie viel Gas im Jahr 2009 verbraucht wurde.

15. Das Säulendiagramm zeigt das Ergebnis einer Mathematikarbeit der Klasse 7A, bei der 25 Schülerinnen und Schüler mitgeschrieben haben.

a) Ergänze das Säulendiagramm und berechne die Durchschnittsnote.

b) Wie viel Prozent der Schüler/Schülerinnen haben eine bessere Note als Note 4 erhalten?

16. Das Deutsche Schuhinstitut hat 100 Männer und 100 Frauen befragt, ob ihre Schuhe zu groß oder zu klein oder passend sind, und dann das Befragungsergebnis in einem Balkendiagramm dargestellt. Finde bei jeder der drei folgenden Aussagen heraus, ob sie wahr ist.

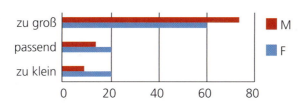

a) 80% aller Befragten tragen Schuhe, die nicht passen.
b) Nur 20% der Frauen tragen passende Schuhe.
c) Fast 80% der Männer tragen zu große Schuhe.

17. Die Abbildung zeigt vier Kreisdiagramme und ein Blockdiagramm:

a) Zu welchem Kreisdiagramm passt das Blockdiagramm?
b) Zeichne zum Kreisdiagramm ② ein Blockdiagramm.
c) Zeichne zum Kreisdiagramm ③ ein Säulendiagramm.
d) Finde zu den Kreisdiagrammen ① und ④ je ein passendes Beispiel.

Kapitel 7: Das Dreieck als Grundfigur; Kongruenz

Kongruenz Kongruenzsätze

Lassen sich zwei Figuren vollständig miteinander zur Deckung bringen, so heißen sie **deckungsgleich** oder zueinander **kongruent**.

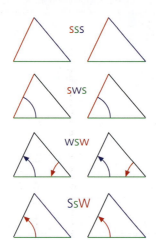

Kongruenzsätze für Dreiecke

Zwei Dreiecke sind kongruent, wenn sie

- in den Längen der drei Seiten übereinstimmen (sss-Satz).
- in den Längen von zwei Seiten und in der Größe von deren Zwischenwinkel übereinstimmen (sws-Satz).
- in der Länge einer Seite und in den Größen der beiden dieser Seite anliegenden Winkel übereinstimmen (wsw-Satz).
- in den Längen zweier Seiten und in der Größe des der längeren dieser beiden Seiten gegenüberliegenden Winkels übereinstimmen (SsW-Satz)

Aufgaben

1. Trage in ein Koordinatensystem die Punkte O (0 | 0), L (6 | 0) und E (3 | 8) sowie das Dreieck OLE ein und zerlege dann OLE durch geradlinige Schnitte
   a) in zwei   b) in vier   c) in 16   zueinander kongruente Teilfiguren.

2. Zeichne einen Kreis mit Radiuslänge 4 cm und zerlege ihn
   a) in zwei   b) in vier   c) in sechs   zueinander kongruente Teilfiguren.

3. Trage in ein Koordinatensystem die Punkte A (−1 | 1), B (4 | 1), C (4 | 3) und D (−1 | 3) sowie das Rechteck ABCD ein.
   a) Zeichne in dasselbe Koordinatensystem ein zum Rechteck ABCD kongruentes Rechteck $A_1B_1C_1D_1$ mit D_1 (−3 | 0,5) so ein, dass B_1 im IV. Quadranten liegt. Wie viel Prozent der Fläche des Rechtecks $A_1B_1C_1D_1$ liegen im II. Quadranten?
   b) Zeichne in dasselbe Koordinatensystem ein zum Rechteck ABCD kongruentes Rechteck $A_2B_2C_2D_2$ mit A_2 (3 | 5) und C_2 (? | 0) ein und gib die Koordinaten der Punkte B_2, C_2 und D_2 an.
   c) Zeichne in dasselbe Koordinatensystem ein zum Rechteck ABCD kongruentes Rechteck $A_3B_3C_3D_3$, dessen Fläche sich zu 30% mit der des Rechtecks ABCD überdeckt.

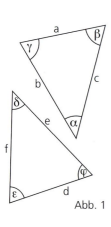

Abb. 1

4. Von zwei Dreiecken sind die folgenden Größen bekannt (siehe Abb. 1). Kann man aus diesen Größen jeweils auf die Kongruenz der beiden Dreiecke schließen? Falls ja, gib den entsprechenden Kongruenzsatz an; falls nein, zeichne ein Gegenbeispiel.

   a) b = 6 cm; α = 42°; γ = 37°   f = 6 cm; ε = 37°; φ = 101°
   b) a = 3 cm; c = 5 cm; α = 60°   d = 5 cm; e = 3 cm; ε = 60°
   c) a = 7 cm; b = 1 cm; γ = 90°   d = 7 cm; f = 1 cm; δ = 90°
   d) α = β = 60°   δ = φ = 60°

5. Zeichne ein gleichschenkliges Trapez ABCD mit [AB] ∥ [DC] und trage die Diagonalen [AC] und [BD] ein. S ist der Schnittpunkt der Diagonalen. Gib zwei Paare zueinander kongruenter Dreiecke an und begründe jeweils die Kongruenz mithilfe eines Kongruenzsatzes.

Kapitel 7: Das Dreieck als Grundfigur; Kongruenz

6. Die Abbildung 2 zeigt ein gleichschenkliges Dreieck ABC mit der Basis [AB]. M und N sind die Mittelpunkte der Schenkel. Begründe mithilfe eines Kongruenzsatzes, dass die Dreiecke MAP und BNQ zueinander kongruent und deshalb die Strecken [MP] und [NQ] gleich lang sind.

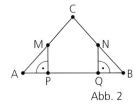
Abb. 2

7. In Abbildung 3 ist die Halbgerade w die Winkelhalbierende des Dreieckswinkels ∢ PSQ = α, g steht auf w senkrecht. Begründe, dass die Dreiecke SPT und QST zueinander kongruent und somit die Strecken [SP] und [SQ] gleich lang sind.

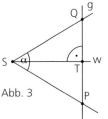
Abb. 3

8. Die Konstruktionsschritte von zwei Dreieckskonstruktionen sind durcheinander geraten. Bringe sie jeweils in die richtige Reihenfolge, finde die gegebenen Bestimmungsstücke heraus und überlege dir jeweils, ob die Dreieckskonstruktion ein eindeutiges Ergebnis liefert. Führe abschließend die Konstruktion aus (siehe Abbildung 4).
   a) Winkel γ = 42° antragen; Strahl mit Anfangspunkt B zeichnen; Dreieck vervollständigen; a = 5,5 cm abtragen; Winkel β = 58° antragen
   b) Dreieck vervollständigen; b = 6 cm abtragen; Winkel α = 30° antragen; Strahl mit Anfangspunkt A zeichnen; Kreis um den Punkt C als Mittelpunkt mit Radiuslänge a = 4 cm

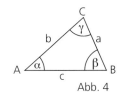
Abb. 4

9. Konstruiere ein Dreieck ABC aus den in Abbildung 5 gezeichneten Bestimmungsstücken. Übertrage dazu die Streckenlängen und die Winkelgrößen in deine Konstruktion.

10. Konstruiere jeweils das Dreieck ABC und beschreibe dein Vorgehen. Gib für jedes Dreieck eine besondere Eigenschaft an.
    a) a = 4,5 cm; β = 45°; γ = 90° b) a = 4,8 cm; b = 4,8 cm; c = 4,8 cm
    c) b = 6,5 cm; c = 6,5 cm; γ = 45° d) a = 5 cm; c = 5 cm; β = 60°
    e) b = 3 cm; c = 6 cm; γ = 90° f) b = 6 cm; c = 6 cm; γ = 60°

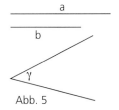
Abb. 5

11. Um die Höhe $\overline{FS}$ eines Turms zu bestimmen, werden von den Endpunkten der Standlinie [AB] aus die Höhenwinkel α und β gemessen. Zeichne das Dreieck ABS für $\overline{AB}$ = 10 m, α = 35° und β = 55° im Maßstab 1 : 250 und bestimme dann die Höhe des Turms.

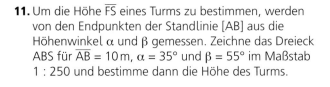
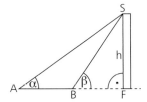

12. Zeichne ein Viereck, das genau eine Symmetrieachse, aber keine zueinander parallelen Seiten besitzt, und ergänze es durch zwei Paare jeweils zueinander kongruenter Dreiecke zu einem Rechteck. Welcher Bruchteil der Rechtecksfläche wird vom ursprünglichen Viereck ausgefüllt? Begründe deine Antwort.

13. Von einem Dreieck ABC sind die Seitenlängen b = 5 cm und c = 6 cm gegeben. Durch die Ausgabe *eines* weiteren geeignet gewählten Bestimmungsstücks ist das Dreieck ABC nach einem der Kongruenzsätze für Dreiecke eindeutig konstruierbar. Gib Beispiele für dieses *eine* weitere Bestimmungsstück so wie den jeweils zugehörigen Kongruenzsatz an.

14. Von einem Dreieck ABC sind folgende Bestimmungsstücke gegeben:

a) Begründe, ob das Dreieck ABC eindeutig konstruierbar ist.
b) Führe die Dreieckskonstruktion durch und beschreibe sie.

Kapitel 8: Besondere Dreiecke

Besondere Dreiecke

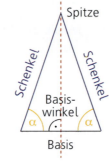

Dreiecke mit einer Symmetrieachse heißen **gleichschenklig**.

Eigenschaften:
- Zwei Seiten sind gleich lang (Schenkel).
- Die der Basis anliegenden Winkel (Basiswinkel) sind gleich groß.
- Die Symmetrieachse halbiert den Winkel an der Spitze und halbiert die Basis rechtwinklig.

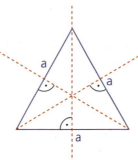

Dreiecke, deren drei Seiten gleich lang sind, heißen **gleichseitig**.

Eigenschaften:
- Jeder Innenwinkel misst 60°.
- Jedes gleichseitige Dreieck besitzt drei Symmetrieachsen; sie halbieren die Innenwinkel und halbieren die Dreiecksseiten rechtwinklig.

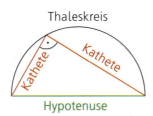

Dreiecke, bei denen ein Innenwinkel 90° misst, heißen **rechtwinklig**.

Eigenschaften:
- Der Scheitel des rechten Winkels liegt auf dem Kreis über der Hypotenuse als Durchmesser (Thaleskreis).
- Wenn die Ecke C eines Dreiecks ABC auf dem Kreis über der Seite [AB] als Durchmesser liegt, dann ist das Dreieck ABC rechtwinklig und C der Scheitel des rechten Winkels.

Aufgaben

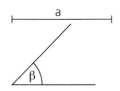

1. Vom gleichschenkligen Dreieck ABC sind die Länge a der Basis [BC] und die Größe β eines der beiden Basiswinkel gegeben. Führe die beschriebenen Konstruktionsschritte aus: Strahl mit Anfangspunkt B zeichnen; a von B aus auf Strahl abtragen; β in B an [BC] antragen; γ = β in C an [BC] antragen; Dreieck vervollständigen.

2. Konstruiere jeweils ein gleichschenkliges Dreieck ABC aus den angegebenen Bestimmungsstücken, beschreibe deine Vorgehensweise und zeichne die Symmetrieachse mit Farbe ein.
   a) b = c = 5,5 cm, γ = 55° **b)** c = 6 cm, α = β = 25°

3. Konstruiere jeweils ein rechtwinkliges Dreieck ABC aus den gegebenen Bestimmungsstücken und erläutere deine Vorgehensweise.
   a) a = 6,5 cm, c = 4 cm, α = 90° **b)** b = 5 cm, α = β = 45°

4. Konstruiere ein Rechteck ABCD bei dem eine Seitenlänge 2,5 cm beträgt und die Diagonalen jeweils 5 cm lang sind. Erläutere deine Vorgehensweise.

75° = 30° + 45°
    = 60° : 2 + 90° : 2

5. Gib bei jedem der folgenden Winkel einen Ansatz für die Konstruktion an.
   a) 30° **b)** 165° **c)** 37,5° **d)** 255° **e)** 127,5°

6. Berechne jeweils die fehlenden Winkelgrößen.

a)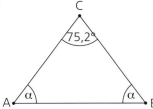

b)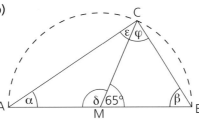

7. Berechne jeweils die Größen der fehlenden Innenwinkel des Dreiecks.

a) In einem gleichschenkligen Dreieck beträgt ein Basiswinkel 25°20′.

b) In einem rechtwinkligen Dreieck ($\gamma = 90°$) ist β eineinhalbmal so groß wie α.

c) In einem gleichschenkligen Dreieck ist der Winkel an der Spitze um 60° größer als jeder Basiswinkel.

d) In einem rechtwinkligen Dreieck ($\alpha = 90°$) ist β um 40% kleiner als γ.

Zur Erinnerung:
1° = 60′

8. Berechne die jeweils fehlenden Winkelgrößen.

a)

b)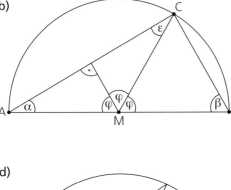

c)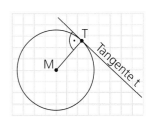

$\overline{AC} = \overline{BC}$

d)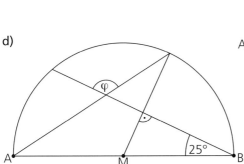

9. Zeichne in ein Koordinatensystem (1 LE = 1 cm) den Kreis k mit Mittelpunkt M (−2 | 4) und r = 3 cm. Der Kreis k schneidet die y-Achse in den Punkten S und T ($y_S < y_T$).

a) Zeichne die Tangenten s und t an k in den Punkten S und T.

b) Die Tangenten s und t (vgl. Teilaufgabe a)) schneiden einander im Punkt P. Lies die Koordinaten von P aus deiner Zeichnung ab.

c) Begründe, dass die Dreiecke MSP und MPT (vgl. Teilaufgabe b)) zueinander kongruent sind. Was ergibt sich hieraus für die Längen $\overline{PS}$ und $\overline{PT}$ der beiden „Tangentenstrecken"?

10. Konstruiere die Tangenten vom Punkt P (3 | −4) aus an den Kreis k mit Mittelpunkt M (0 | 3) (1 LE = 1 cm) und r = 5 cm (Platzbedarf: −6 < x < 6; −5 < y < 9). Bezeichne die Berührpunkte mit B und C ($x_B > 0$; $x_C < 0$) und gib je eine besondere Eigenschaft des Dreiecks MCB, des Dreiecks, PBC und des Vierecks MCPB an.

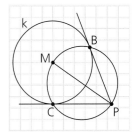

Kapitel 9: Konstruktionen an Dreiecken und Vierecken

Mittelsenkrechte Alle Punkte (der Zeichenebene), die von zwei Punkten A und B gleich weit entfernt sind, liegen auf der **Mittelsenkrechten** (dem **Mittellot**) $m_{[AB]}$ ihrer Verbindungsstrecke.

Die drei Mittelsenkrechten $m_{[AB]}$, $m_{[BC]}$ und $m_{[CA]}$ eines Dreiecks ABC schneiden einander stets in einem Punkt M, dem Mittelpunkt des **Umkreises** dieses Dreiecks. Die Punkte A, B und C sind von M gleich weit entfernt.

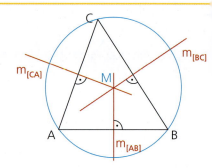

Höhen Eine Gerade, die durch einen Eckpunkt eines Dreiecks geht und die gegenüberliegende Seite oder deren Verlängerung rechtwinklig schneidet, heißt **Höhe** dieses Dreiecks. Jedes Dreieck besitzt somit drei Höhen h_a, h_b und h_c; sie schneiden einander in einem Punkt H.

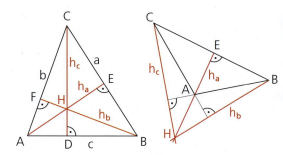

Winkelhalbierende Eine Gerade, die einen Dreiecksinnenwinkel halbiert, heißt **Winkelhalbierende** dieses Dreiecks. Jedes Dreieck besitzt somit drei Winkelhalbierende w_α, w_β und w_γ; sie schneiden einander in einem Punkt W, der von den drei Seiten den gleichen Abstand d besitzt. Der Kreis um den Mittelpunkt W, dessen Radiuslänge r gleich diesem Abstand d ist, berührt jede der drei Seiten des Dreiecks. Dieser Kreis heißt **Inkreis** des Dreiecks.

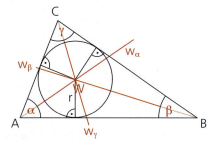

Hinweis: Das Wort Höhe und das Wort Winkelhalbierende kann eine Gerade oder einen Strahl, aber auch eine Strecke bzw. deren Länge bedeuten.

Aufgaben

1. a) Trage die Punkte A (−4 | 1), B (3 | −2) und C (1 | 5) in ein Koordinatensystem ein, konstruiere den Mittelpunkt M des Umkreises und zeichne den Umkreis des Dreiecks ein.
   b) Trage die Punkte E (1 | 0), F (6 | −1) und G (5 | 5) in ein Koordinatensystem ein, konstruiere den Schnittpunkt W der Winkelhalbierenden, fälle von W das Lot l auf [EG] und zeichne den Inkreis des Dreiecks ein.
   c) Trage die Punkte K (−2 | −3), I (3 | −3) und J (−1 | 3) in ein Koordinatensystem ein. Zeichne die Höhen IS auf [KJ] und KT [IJ] mithilfe eines Geodreiecks ein. Wieviel Prozent der Fläche des Dreiecks IJK nimmt die Fläche des Dreiecks JKS ein?
   d) Konstruiere zunächst ein gleichseitiges Dreieck ABC der Seitenlänge 6 cm und zeichne dann seine drei Höhen ein.

Kapitel 9: Konstruktionen an Dreiecken und Vierecken

2. Zeichne den kreisförmigen Rand einer Untertasse mit dem Bleistift nach und finde dann durch Konstruktion den Kreismittelpunkt M.

3. Von einem spitzwinkligen Dreieck ABC sind die Bestimmungsstücke b = 6 cm, c = 7 cm, und h_c = 3 cm gegeben. Konstruiere es
   a) mithilfe des Thaleskreises
   b) ohne Verwendung des Thaleskreises.

4. Konstruiere jeweils ein Dreieck ABC aus den gegebenen Bestimmungsstücken. Zeichne dazu zunächst eine Planfigur und trage die Bestimmungsstücke farbig ein. Halte dann deine Überlegungen zur Konstruktion schriftlich fest und führe schließlich die Konstruktion aus. Sind die Konstruktionen eindeutig?
   a) a = 4,5 cm, β = 45°, Umkreisradiuslänge r = 3 cm
   b) c = 5 cm, α = 75°, w_α = 4 cm
   c) a = 5,2 cm, b = 3,8 cm, h_a = 2,5 cm
   d) β = 60°, w_β = 5,4 cm, h_b = 4,2 cm
   e) b = 6 cm, h_c = 4,5 cm, Umkreisradiuslänge r = 3,5 cm
   f) c = 5 cm, α = 45°, w_β = 4 cm
   g) c = 6,4 cm, γ = 52,5°, h_a = 4 cm

   Hinweis:
   Alle Winkel, die du für die Konstruktionen benötigst, kannst du mit dem Geodreieck einzeichnen. Du kannst sie aber auch gesondert konstruieren und in die Konstruktionsfigur übertragen.

5. Konstruiere ein gleichschenklig-rechtwinkliges Dreieck mit Umkreisradiuslänge 3 cm. Beschreibe dein Vorgehen.

6. Konstruiere jeweils ein Viereck ABCD aus den gegebenen Bestimmungsstücken. Zeichne dazu zunächst eine Planfigur und trage die Bestimmungsstücke farbig ein. Halte dann deine Überlegungen zur Konstruktion schriftlich fest und führe schließlich die Konstruktion aus.
   a) $\overline{AB}$ = 4,2 cm, $\overline{BC}$ = 5,8 cm, β = 105°, γ = 45°, δ = 90°
   b) $\overline{AD}$ = $\overline{CD}$ = 3,8 cm, $\overline{AC}$ = 6 cm, γ = 60°, ∢BAC = 60°

7. Konstruiere eine Raute ABCD aus $\overline{AC}$ = 4,4 cm und $\overline{BD}$ = 6,2 cm. Zeichne zunächst eine Planfigur und beschreibe die Konstruktion. Berechne den Flächeninhalt der Raute.

8. Zeichne ein Trapez ABCD mit AB ∥ DC aus $\overline{AB}$ = 6,5 cm, α = 40°, β = 65° und h = 2,6 cm (h ist die Höhe des Trapezes). Miss die Länge der Strecke [DC] und berechne dann den Flächeninhalt des Trapezes. Wie viel Prozent des Flächeninhalts des Trapezes nimmt das Dreieck ABC ein?

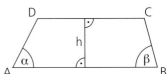

9. Zeichne ein gleichschenkliges Trapez ABCD aus (Schenkellänge) $\overline{AD}$ = $\overline{BC}$ = 4 cm, $\overline{AC}$ = 5,2 cm und ∢ACB = 90°.

10. a) In einem Dreieck ABC fällt die Höhe h_a mit der Seite c zusammen. Zeichne ein solches Dreieck. Welche besondere Eigenschaft besitzt es?
    b) In einem Dreieck ABC fällt die Winkelhalbierende w_α mit der Höhe h_a zusammen. Zeichne ein derartiges Dreieck. Welche besondere Eigenschaft besitzt es?

11. In welchem besonderen Dreieck Dreieck fallen der Umkreismittelpunkt und der Inkreismittelpunkt zusammen? Zeichne jeweils ein derartiges Dreieck
    a) mit Seitenlänge 3,5 cm
    b) mit Umkreisradiuslänge 4 cm
    c) mit Inkreisradiuslänge 2 cm.

Kapitel 10: Funktionale Zusammenhänge

Fachbegriffe Der Zusammenhang zwischen zwei Größen kann durch eine Zuordnung beschrieben werden. Gibt es dabei zu **jedem** zulässigen Wert der ersten Größe **genau einen** Wert der ihr zugeordneten zweiten Größe, so nennt man die Zuordnung eine **Funktion** f. Funktionen können z. B. durch **Terme**, durch **Tabellen** oder durch **Schaubilder** (**Graphen**) beschrieben werden.

Häufig wird die erste Größe, die **unabhängige Variable**, mit **x** bezeichnet. Den Wert der zweiten Größe, der von x **abhängigen Variablen y**, bezeichnet man als **Funktionswert von x**.

Definitionsmenge D_f: Menge aller zulässigen Werte von x
Wertemenge W_f: Menge aller **Funktionswerte**
Nullstellen der Funktion: Werte von x, für die der Funktionswert 0 ist.

Beispiel:
Zuordnungsvorschrift: Jeder rationalen Zahl wird ihr Quadrat zugeordnet.
Funktion f: $f(x) = x^2$ — Funktionsterm $D_f = \mathbb{Q}$ — Definitionsmenge
Funktionsgleichung: $y = x^2$ $W_f = \mathbb{Q}_0^+$ — Wertemenge

Nullstelle von f: x = 0, da f(0) = 0 ist.

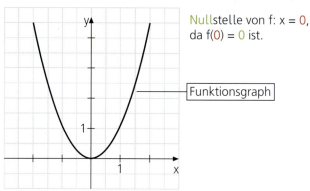

Funktionsgraph

Aufgaben

1. Gib an, welche der folgenden Zuordnungen keine Funktionen sind. Begründe deine Antwort. Gib bei den Funktionen, wenn möglich, eine Funktionsgleichung an.
   a) Anzahl der Tage ↦ Monat
   b) Monat ↦ Anzahl der Tage
   c) Zahl ↦ Betrag der Zahl
   d) n-Eck ↦ Summenwert der Innenwinkel
   e) Quersummenwert ↦ Zahl
   f) Flächeninhalt ↦ Umfangslänge eines Rechtecks
   g) Winkel an der Spitze eines gleichschenkligen Dreiecks ↦ Basiswinkel

2. Berechne jeweils die Funktionswerte für die angegebene Definitionsmenge D.
   a) $f(x) = \frac{1}{2}x^2 - 2$ $D = \{0; 2; -4; 5; 14; -25; 1{,}2; -\frac{2}{3}; 2\frac{3}{5}\}$
   b) $g(x) = 4 - \frac{4}{x}$ $D = \{-10; -5; -2; -1; 0{,}001; 0{,}01; 0{,}1; 1; 10; 100\}$
   c) $h(x) = -\frac{2}{3}x + 1{,}5$ $D = \{-6; -4; -1{,}5; 0; \frac{1}{4}; 0{,}6; \frac{3}{4}; 1; 2{,}25; 3; 3{,}5; 12\}$
   d) $k(x) = |x| + x$ $D = \{-4; -3; -2; -1; 0; 1; 2; 3; 4\}$
   e) $l(x) = |x| - x$ $D = \{-4; -3; -2; -1; 0; 1; 2; 3; 4\}$
   f) $m(x) = \frac{1}{8}x^3$ $D = \{-2; -1; 0; \frac{1}{2}; 1; \frac{3}{2}; 2\}$

Kapitel 10: Funktionale Zusammenhänge

3. Gegeben sind die Funktionen $f_1(x) = -x - 5$ und $f_2(x) = (x + 2)(x - 3)$; $D_{f_1} = D_{f_2} = \mathbb{R}$.

a) Gib bei jeder der beiden Funktionen die Nullstell(n) an.

b) Erstelle für beide Funktionen eine Wertetabelle für $-5 \leq x \leq 5$ (Schrittweite 1).

c) Löse mithilfe der Werttabellen die Gleichung $f_1(x) = f_2(x)$.

d) Berechne $f_1(1) - f_2(1)$ sowie $f_1(-1) - f_2(-1)$

e) Ermittle mithilfe der Wertetabellen den kleinsten Wert, den der Term $f_2(x) - f_1(x)$ annimmt.

f) Zeige durch Rechnung, dass $f_2(x) - f_1(x) = (x - 1)(x + 1)$

4. Welche der folgenden Graphen ist kein Funktionsgraph? Begründe deine Antwort.

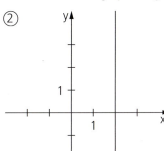
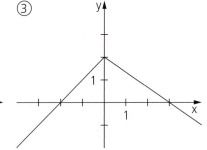
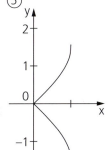
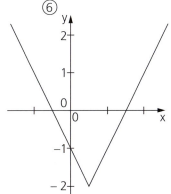

5. Ein Rechteck mit ganzzahligen Seitenlängen hat eine Umfangslänge von 20 cm. Eine Funktion ordnet der Länge x (gemessen in cm) den Flächeninhalt (gemessen in cm²) des Rechtecks zu.

a) Finde aus folgender Auswahl für diese Funktion die richtige Definitionsmenge und die passende Funktionsgleichung. Begründe deine Entscheidungen.

$D_1 = \{0; 1; 2; ...; 19\}$ $D_2 = \{1; 2; 3; ...; 19\}$ $D_3 = \{1; 2; 3; ...; 9\}$
$f_1(x) = x(20 - x)$ $f_2(x) = x(10 + x)$ $f_3(x) = -x^2 + 10x$

b) Erstelle eine Wertetabelle und zeichne den Graphen der Funktion.

c) Für welchen Wert von x ist der Flächeninhalt am größten? Zeichne das zugehörige Rechteck. Was fällt dir auf?

6. Zeichne den Graphen der Funktion Parkdauer t (in h) ↦ Parkgebühr k (in €) für eine Parkdauer bis zu 6 Stunden. Ist die Zuordnung Parkgebühr ↦ Parkdauer eine Funktion? Begründe deine Antwort.

Parkhaus Rosengarten

30 Minuten kostenfrei;
danach 4 € bis Ende der dritten Stunde;
anschließend 2€ je angefangene Stunde.

Kapitel 11: Lineare Funktionen

Die lineare Funktion

Gleichung einer Geraden

Lineare Funktion: f: f(x) = mx + t; m, t ∈ ℚ; D_f = ℚ
Der Graph einer linearen Funktion ist eine Gerade g, die die y-Achse im Punkt T (0 | t) schneidet. Man nennt t den **y-Achsenabschnitt** der Geraden g; m ist die **Steigung** der Geraden g. Für die **Nullstelle** x_N von f gilt $f(x_N) = 0$.
Man spricht auch von der Gleichung der Geraden g und schreibt g: y = mx + t.

Verläuft die Gerade durch die Punkte P (x_P | y_P) und Q (x_Q | y_Q), $x_Q \neq x_P$,

so gilt für die Geradensteigung $m = \frac{y_Q - y_P}{x_Q - x_P}$.

Man unterscheidet

steigende Geraden m > 0	fallende Geraden m < 0	zur x-Achse parallele Geraden m = 0
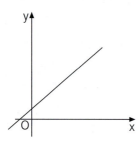	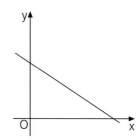	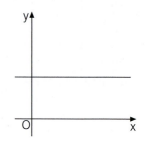

Die Funktionen der (direkten) Proportionalität

Wird dem Doppelten, dem Dreifachen, dem Vierfachen, ... dem k-Fachen (k ∈ ℚ) einer Größe x das Doppelte, das Dreifache, das Vierfache, ... das k-Fache einer Größe y zugeordnet, so sind x und y zueinander direkt **proportionale Größen**.
Bei dieser Zuordnung gilt $\frac{y}{x} = m$ mit **festem** m (m, x, y ≠ 0); sie kann also durch die Funktionsgleichung y = mx beschrieben werden.

Die Funktion **f: f(x) = mx; m ∈ ℚ, D_f = ℚ**, heißt **proportionale Funktion**.
Der Graph einer proportionalen Funktion ist eine **Gerade durch den Ursprung** des Koordinatensystems; dabei ist m die **Steigung** dieser Geraden.

Das rechtwinklige Dreieck
mit waagrechter Kathete der Länge
1 LE und senkrechter Kathete der
Länge m LE heißt **Steigungsdreieck**.

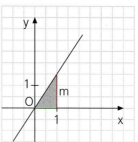

Aufgaben

1. Trage jeweils den Graphen der linearen Funktion f mithilfe seines y-Achsenabschnitts und seiner Steigung in ein Koordinatensystem ein.
a) f(x) = x + 2,5 b) f(x) = 2x − 5 c) f(x) = −3x + 4 d) f(x) = −0,75x e) f(x) = $\frac{x}{3}$
f) f(x) = $\frac{2}{3}$x + 2 g) f(x) = 3 − $\frac{4}{5}$x h) f(x) = 1,2x − 3 i) f(x) = 1 j) f(x) = −x − 1
Wie viel Prozent der Geraden sind steigend, wie viel Prozent sind fallend?
Wie viel Prozent dieser zehn Funktionen sind proportionale Funktionen?

Kapitel 11: Lineare Funktionen

2. Trage die Punkte A und B in ein Koordinatensystem ein, ermittle eine Gleichung der Geraden AB und bestimme jeweils zeichnerisch und rechnerisch die Nullstelle der zugehörigen linearen Funktion.
   a) A (−2 | −4,5), B (2 | −1,5)   b) A (1 | 3), B (3 | −1)   c) A (6 | −5), B (−3 | 1)
   d) A (0 | 0), B (1 | 4)   e) A (2 | 0), B (0 | 4)   f) A (−2 | 0), B (0 | −4)

3. Die Geraden ① und ② sind die Graphen der linearen Funktionen
   $f(x) = \frac{2}{3}x - 4$ und $g(x) = 4 - 2x$; $D_f = D_g = \mathbb{Q}$.
   a) Ordne ① und ② passend zu.
   b) Zeige, dass der Punkt S (3 | −2) auf beiden Funktionsgraphen liegt.
   c) Die Gerade ① schneidet die y-Achse im Punkt A; ② schneidet sie in B. Berechne den Flächeninhalt des Dreiecks ABS. Wie viel Prozent der Dreiecksfläche liegen im I. Quadranten?

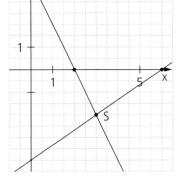

4. Ermittle die fehlende Koordinate p so, dass der Punkt P auf der Geraden g liegt. Gib q so an, dass der Punkt Q unterhalb der Geraden g liegt.
   a) g: y = 2x + 7, P (−2 | p), Q (3 | q)
   b) g: y = −1,5x − 3, P (p | 6), Q (−6 | q)

5. a) Ermittle für die Geraden g_1, g_2, g_3 und g_4 jeweils eine Gleichung.
   b) Sind g_1 und g_2 parallel? Begründe deine Antwort.
   c) g_5 ist zu g_4 parallel und verläuft durch P (5 | 1). Bestimme eine Gleichung von g_5.
   d) Berechne den Flächeninhalt des Dreiecks, das g_4 mit den Koordinatenachsen einschließt.
   e) Löse die Gleichung −x + 3 = 0,75x + 2. Welche Bedeutung hat die Lösung der Gleichung?

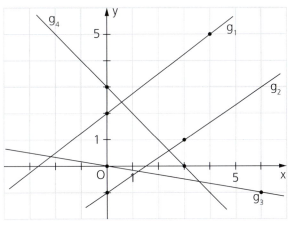

Steigungen: -1; $-\frac{1}{6}$; $\frac{2}{3}$; $\frac{3}{4}$

6. Ergänze die Wertetabelle so, dass sie zu einer proportionalen Funktion gehört und bestimme die Funktionsgleichung ($D_f = D_g = \mathbb{Q}$).

x	−4	−	2	6	
f(x)		0	1,5		8

x		−3		6	7,5
g(x)	0,5		1,2	−4,8	

7. In einer Bäckerei kosten drei Brezeln 2,55 €.
   a) Gregor kauft sieben Brezeln. Er bezahlt mit eine 10-€-Schein und bekommt 3,05 € zurück. Stimmt sein Wechselgeld?
   b) Laura kauft 15 Brezeln. Wie viel kann sie mit dem Tagesangebot sparen?

Tagesangebot
Ab 10 Stück jede Brezel nur 75 ct.

8. Die Anzeige in Martins Auto zeigt folgende Information:
   gefahrene Kilometer: 480   *Benzinverbrauch: 36,0 Liter*
   Welche Strecke kann Martin bei gleicher Fahrweise mit einer Tankfüllung von 54 Litern zurücklegen?

Kapitel 12: Lineare Ungleichungen

Grundbegriffe

Eine **Ungleichung** besteht aus zwei Termen, die miteinander durch ein Ungleichheitszeichen verbunden sind. Wenn man anstelle der „**Unbekannten**" (der **Variablen**) eine Zahl in eine Ungleichung einsetzt, kann sich eine wahre oder eine falsche Aussage ergeben.

Grundmenge G: Die (vorgegebene) Menge aller Zahlen, die zum Einsetzen in die Ungleichung zur Verfügung stehen.

Lösung: Jede Zahl der Grundmenge G, die beim Einsetzen in die Ungleichung eine wahre Aussage liefert.

Lösungsmenge L: Menge aller Lösungen der Ungleichung
Wenn kein Element der Grundmenge G beim Einsetzen in die Ungleichung eine wahre Aussage ergibt, dann ist die Lösungsmenge die **leere Menge**, geschrieben { } (oder ∅).

Lösen einer Ungleichung mithilfe von Äquivalenzumformungen

Äquivalente Ungleichungen (mit gleicher Grundmenge) besitzen die gleiche Lösungsmenge.

Äquivalenzumformungen sind Umformungen, bei denen sich die Lösungsmenge der Ungleichung nicht ändert: Die Lösungsmenge einer Ungleichung ändert sich nicht, wenn man

- zu den beiden Seiten dieser Ungleichung dieselbe rationale Zahl bzw. denselben Term addiert oder von den beiden Seiten dieser Ungleichung dieselbe rationale Zahl bzw. denselben Term subtrahiert.
- jede der beiden Seiten dieser Ungleichung mit derselben **positiven** rationalen Zahl multipliziert bzw. durch dieselbe **positive** rationale Zahl dividiert.
- jede der beiden Seiten dieser Ungleichung mit derselben **negativen** rationalen Zahl multipliziert **und** gleichzeitig das Ungleichheitszeichen umdreht.
- jede der beiden Seiten dieser Ungleichung durch dieselbe **negative** rationale Zahl dividiert **und** gleichzeitig das Ungleichheitszeichen umdreht.

$x - 5 < 2$; $G = \mathbb{N}$	$0{,}5x < -6$; $G = \mathbb{N}$	$-2x \leq 4$; $G = \mathbb{Z}$	$x - 3 > -3 + x$; $G = \mathbb{Z}$
$x - 5 < 2$; $\mid +5$	$0{,}5x < -6$; $\mid \cdot 2$	$-2x \leq 4$; $\mid : (-2)$	$x - 3 > -3 + x$; $\mid -x + 3$
$x - 5 + 5 < 2 + 5$	$x < -12$	$x \geq -2$;	$0 > 0$ (falsch)
$x < 7$	$L = \{\ \}$	$L = \{-2;\ -1;\ 0;\ 1;\ 2;\ \ldots\}$	$L = \{\ \}$
$L = \{1;\ 2;\ \ldots;\ 7\}$			

Aufgaben

1. Veranschauliche die beschriebene Menge rationaler Zahlen auf einer Zahlengeraden.
   a) $x < 3$ b) $x \geq -1$ c) $-3 \leq x < 2{,}5$ d) $3 > x \geq 0{,}5$

2. Ermittle bei jeder der folgenden Ungleichungen die Lösungsmenge über der angegebenen Grundmenge.
   a) $x - 7 \leq -3$; $G = \mathbb{Z}$ b) $-2x + 4 > x - 2$; $G = \mathbb{N}_0$ c) $0{,}75x \geq x + 0{,}75$; $G = \mathbb{Q}$
   d) $3(2x - 4) - 4x < -2(1 - 5x)$; $G = \mathbb{Q}$ e) $\frac{2}{3}x + 3\left(\frac{5}{6}x - 1\right) \leq 4 - \left(\frac{1}{3}x + 4\right)$; $G = \mathbb{Z}$

3. Sophie hat drei Ungleichungen „gelöst". Finde ihre Fehler und korrigiere sie.

   a) $-4x + 1 \geq 9$ b) $5x + 12 < 12$ c) $\frac{1}{5}x > \frac{1}{3}x - 1$

   $-4x \geq 8$ $5x < 0$ $\frac{1}{2}x \geq -1$

   $x \geq 2$ $x < -5$ $x \geq -2$

   $L =]2;\ +\infty[$ $L =]-\infty;\ -5[$ $L = [-2;\ +\infty[$

Kapitel 12: Lineare Ungleichungen

4. Jakob hat 25 € auf seinem Konto, Lovis 80 €. Ihre Mutter überweist ihnen wöchentlich ihr Taschengeld. Jakob erhält jeweils 10 €, Lovis 6 €. Nach wie vielen Wochen hat Jakob erstmals mehr Geld auf seinem Konto als Lovis, wenn beide kein Geld abheben? Wie viel Geld hat Jakob zu diesem Zeitpunkt mehr auf dem Konto als Lovis?

5. Für einen Freizeitpark gilt die abgebildete Preisliste. Familie Freitag hat zwei Töchter und besucht regelmäßig gemeinsam mit ihnen den Freizeitpark. Bei wie vielen Besuchen pro Jahr lohnt sich der Kauf der Familienjahreskarte?
   a) Löse mithilfe einer Tabelle.
   b) Löse mithilfe einer Ungleichung.
   c) Im vergangenen Jahr war Familie Freitag fünf Mal im Freizeitpark. Wie viel Prozent der Eintrittskosten hat sie durch den Kauf der Familienjahreskarte gespart?

Eintrittspreise

Erwachsene 24€

Kinder 18€

Familienjahreskarte 350€

6. Ermittle jeweils die Lösungsmenge über der Grundmenge $G = \mathbb{Q}$.
   a) $5y + 7 < 8y - 11$
   b) $3x : (-45) - 8 < -7$
   c) $(3x - 4) \cdot 5 + 65 \leqq -15$
   d) $(3x - 5) \cdot (-8) < 4(5 - x)$
   e) $24x - 2(2x - 4) \leqq -3x + 6(-2 + 3x)$
   f) $(y - 2)(2y + 1) > y(2y + 1) + 6$
   g) $3{,}2z + 6(0{,}8z - 4) \geqq (3z - 1)(z + 3) - 3z^2$
   h) $\frac{1}{4}t + \frac{1}{3}t\left(\frac{1}{2}t - 1\right) < \left(\frac{1}{2}t - 1\right)^2 - \frac{1}{12}t(t + 1)$

7. Auf einer Party sind x Jungen und y Mädchen. Beschreibe folgende Ungleichungen in diesem Sachzusammenhang in Worten.
   a) $y \geqq x$
   b) $x < y$
   c) $2x > y$
   d) $0{,}5x \leqq y \leqq x$

8. Wie groß muss bei den Teilaufgaben a) und b) x mindestens sein, damit der Umfang der Figur größer als 60 cm ist?

a)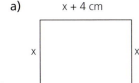
b)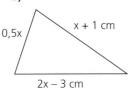
c)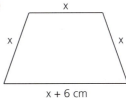

Das Trapez aus Teilaufgabe c) hat eine Umfangslänge von 26 cm und einem Flächeninhalt von 40 cm². Berechne seine Höhe.

9. Die Buchstaben L, U und I sind aus lauter Rechtecken zusammengesetzt.
   a) Wie groß darf x höchstens sein, wenn die Umfangslänge U des Buchstabens I höchstens 20 sein soll?
   b) Wie groß darf x höchstens sein, wenn für den Flächeninhalt A des Buchstabens I die Ungleichung $A_I \leqq 30$ gilt?
   c) Für welche natürliche Zahlen y gilt für die Umfangslänge U_U des Buchstabens U die Ungleichung $24 \leqq U_U < 32$?
   d) Wie groß muss z mindestens sein, wenn für den Flächeninhalt A_L des Buchstabens L die Ungleichung $A_L \geqq 81$ gilt?

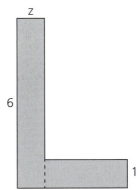
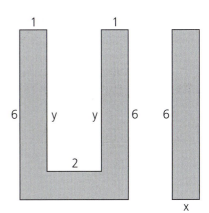

Kapitel 13: Umfangslänge und Flächeninhalt des Kreises

Umfangslänge **Kreis** (Radiuslänge r)
Umfangslänge:
$U_{Kreis} = 2r\pi$

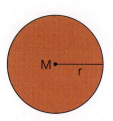

Flächeninhalt **Kreis** (Radiuslänge r)
Flächeninhalt:
$A_{Kreis} = r^2\pi$

Aufgaben

1. Berechne die fehlenden Größen des Kreises ($\pi \approx 3{,}14$).

	a)	b)	c)	d)	e)	d)
r	8,00 cm				2,50 m	
d		40,0 m				
U			37,68 dm			
A				1 962,5 m²		3,14 ha

2. Schreibe mit der in [Klammern] angegebenen Einheit.
   a) 12,2 dm [mm]   b) 8,4 m² [cm²]   c) 7005 m² [ha]
   d) 0,0125 m [cm]   e) 3,14 m² [a]   f) $2{,}7 \cdot 10^8$ cm² [km²]

3. a) Berechne jeweils den Flächeninhalt und – außer bei Figur ⑨ – die Umfangslänge der getönten Figur ($\pi \approx 3{,}14$).

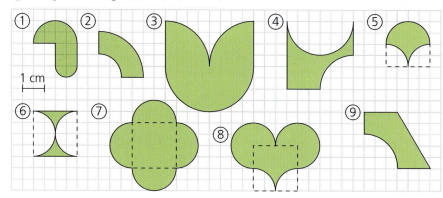

b) Vergleiche die Umfangslänge des Kreises k mit der Umfangslänge der getönten Fläche.

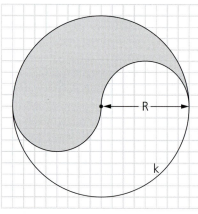

Kapitel 13: Umfangslänge und Flächeninhalt des Kreises

4. Ein Kreis hat die Radiuslänge r = 4 cm ($\pi \approx 3{,}14$).

a) Berechne seine Umfangslänge U und seinen Flächeninhalt A.

b) Um wie viel Prozent nimmt die Umfangslänge des Kreises zu, wenn der Radius um 1 cm größer wird? Um wie viel Prozent nimmt der Flächeninhalt dabei zu?

5. Wie ändern sich Umfangslänge und Flächeninhalt eines Kreises, wenn man den Kreisdurchmesser halbiert?

6. Zwei Kreise mit gemeinsamem Mittelpunkt M bilden einen Kreisring. Der innere Kreis hat die Radiuslänge r, der äußere die Radiuslänge R.

a) Berechne die Umfangslänge und den Flächeninhalt des Kreisrings für r = 2 cm und R = 3,5 cm. Welchen Anteil der Fläche des großen Kreises nimmt der Kreisring ein?

b) Gib für den Anteil an der Fläche des großen Kreises, den die Fläche des Kreisrings einnimmt, einen Term mit den Variablen r und R an und zeige, dass sich dieser in der Form $1-\left(\frac{r}{R}\right)^2$ schreiben lässt.

Berechne dann den Anteil für (1) R = 2r und für (2) R = 4r.

7. Der Jupitermond Ganymed bewegt sich auf einer nahezu kreisförmigen Bahn mit einer Radiuslänge von 1,07 Millionen Kilometern. Für eine Umrundung des Jupiters benötigt er 7,2 Tage. Berechne die Durchschnittsgeschwindigkeit des Ganymed entlang seiner Bahn (Überschlagsrechnung genügt).

Aus der Physik:
$v = \frac{s}{t}$

8. Es gibt aufblasbare Ballons, deren Oberfläche wie ein Globus bedruckt ist. Sarah hat sich einen solchen Ballon gekauft und aufgeblasen. Sie möchte herausfinden, welchen Durchmesser der Ballon hat. Dazu spannt sie entlang des Äquators eine Schnur und misst anschließend deren Länge. Sarah misst 2,98 m.

a) Wie groß ist der Durchmesser ihrer „Erdkugel"? Rechne mit $\pi \approx 3{,}14$ und runde auf cm.

b) Welche Meridianlänge (Entfernung des Südpols vom Nordpol, gemessen auf der Erdoberfläche) stellt Sarah bei ihrem Ballon fest?

9. Die Reifen von Michaels Mountainbike haben einen Außendurchmesser von 28 Zoll (1 Zoll $\approx$ 2,54 cm). Michael macht eine Radtour. Der Tacho weist eine gefahrene Strecke von 24,48 km aus ($\pi \approx 3{,}14$).

a) Michael überschlägt, dass die Räder seines Mountainbikes bei dieser Radtour jeweils rund 11 000 Umdrehungen gemacht haben. Überprüfe seine Überschlagsrechnung.

b) Michaels „exakte" Berechnung unter Verwendung der gegebenen Größen ergibt den ganzzahlig gerundeten Wert 10 962. Michael erzählt seinen Freunden: „Bei meiner Radtour hat sich mein Vorderrad genau 10 962 mal gedreht." Kommentiere diese Aussage.

c) Die Größe 24,48 km ist auf 10 m genau angegeben. Wie viele Umdrehungen machen die Räder von Michaels Mountainbike auf einer 10 m langen Strecke?

10. Der Grundriss von Günters Haus ist ein 10 m langes und 8 m breites Rechteck. Wachhund Bila ist an einer Ecke des Hauses an einer 12 m langen Leine angebunden.

a) Stelle die Situation in einer Zeichnung im Maßstab 1 : 200 dar und töne den Bereich, den Bila erreichen kann.

b) Berechne die Länge der Begrenzungslinie und den Flächeninhalt des Bereichs, den Bila erreichen kann ($\pi \approx 3{,}14$).

Kapitel 14: Lineare Gleichungssysteme mit zwei Variablen

Lineare Gleichungssysteme Grundbegriffe

Zwei lineare Gleichungen, die zwei Variable enthalten, bilden ein lineares Gleichungssystem.

Beispiel: I $2x + y = 5$ II $x - y = 1$

Zu jeder der beiden Gleichungen existieren unendlich viele Lösungen. Sie lassen sich durch Punkte des Graphen der entsprechenden linearen Funktion veranschaulichen. Die Koordinaten $x_s = 2$; $y_s = 1$ des Schnittpunkts S (2 | 1) der beiden zugehörigen Geraden erfüllen als einzige beide Gleichungen.

Sie bilden zusammen die (einzige) Lösung des Gleichungssystems, dessen Lösungsmenge also L = {(2; 1)} ist.

Ein lineares Gleichungssystem besitzt keine Lösung, genau eine Lösung oder unendlich viele Lösungen, je nachdem, ob die zugehörigen Geraden zueinander echt parallel sind, einander schneiden oder zusammenfallen.

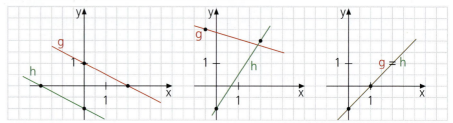

Graphische Lösung

Die Lösung kann graphisch gefunden werden, indem man die zugehörigen Geraden in ein Koordinatensystem einträgt und die Koordinaten ihres Schnittpunkts abliest.

Rechnerische Lösung

Zur rechnerischen Lösung eines linearen Gleichungssystems ist jedes der drei folgenden Verfahren geeignet. Es genügt, eines dieser drei Verfahren zu beherrschen.

Gleichsetzungsverfahren Einsetzungsverfahren

Gleichsetzungsverfahren
1. Auflösen beider Gleichungen nach derselben Variablen
2. Gleichsetzen der beiden neuen rechten Seiten
3. Lösen der so erhaltenen Gleichung, die nur noch eine Variable enthält
4. Einsetzen der Lösung in eine der beiden Gleichungen und Ermitteln des Werts der anderen Variablen
5. Angeben der Lösungsmenge

Einsetzungsverfahren
1. Auflösen einer der Gleichungen nach einer der Variablen
2. Einsetzen des gefundenen Terms in die andere Gleichung
3. Lösen der so erhaltenen Gleichung, die nur noch eine Variable enthält
4. Einsetzen der Lösung in eine der beiden Gleichungen und Ermitteln des Werts der anderen Variablen
5. Angeben der Lösungsmenge

Additionsverfahren

Unterscheiden sich bei einem Gleichungssystem die Koeffizienten einer Variablen nur durch das Vorzeichen, so ist es günstig, die beiden Gleichungen zu addieren, da dann eine der beiden Variablen „wegfällt". Man nennt dieses Lösungsverfahren **Additionsverfahren**.

Beispiel:
I $4x + 3y = 23$;
II $2x - 3y = 7$;
I + II $6x = 30$; | : 6
$x = 5$ in Gleichung I eingesetzt: $y = 1$; L = {(5; 1)}

Verallgemeinerung:
Wenn keine der beiden Variablen sofort durch bloßes Addieren „wegfällt", muss man eine der Gleichungen (oder beide Gleichungen) vor dem Addieren zunächst mit einem geeigneten Faktor (bzw. mit geeigneten Faktoren) multiplizieren.

Natürlich führt jedes dieser drei Verfahren zur gleichen Lösungsmenge.

Kapitel 14: Lineare Gleichungssysteme mit zwei Variablen

Aufgaben

1. Ermittle jeweils mithilfe des Verfahrens, das dir am günstigsten erscheint, die Lösungsmenge der folgenden Gleichungssysteme und mache bei jeder zweiten Teilaufgabe die Probe.

a) I $x + y = 1$
   II $4x + 4 = 3$

b) I $x = 3y + 6$
   II $x + y = 10$

c) I $4x - 2y + 6 = 0$
   II $2x = y + 3$

d) I $3x - 2y = 9$
   II $5x + 2y = -1$

e) I $x + 2y = 1$
   II $-3x - 2y = 0$

f) I $x = 2y - 2$
   II $2,5y - 10x = -1$

g) I $0,2x + 0,3y = 1$
   II $0,3x + 0,45y = -1$

h) I $\frac{1}{2}x - \frac{1}{5}y = -\frac{2}{3}$
   II $3x + \frac{3}{4}y = 5,75$

i) I $-0,4x = 3 - y$
   II $2y = 6 + \frac{4}{5}x$

j) I $y = 2x + 7$
   II $y = -2x - 25$

k) I $y = -\frac{1}{3}x$
   II $x + y = 2$

l) I $4x - 3y = 1$
   II $2x + y = \frac{1}{12}$

2. Trage jeweils die beiden Geraden in ein Koordinatensystem (1 LE = 1 cm) ein und bestimme die Koordinaten ihres Schnittpunkts S zunächst zeichnerisch so genau wie möglich. Überprüfe dann dein Ergebnis durch Rechnung.

(1) a: $y = 2x - 3$
    b: $y = -\frac{1}{3}x + 4$

(2) g: $y = -\frac{3}{4}x + 5$
    h: $y = 0,55x - 1,5$

(3) u: $y = -2$
    v: $x - y = 2$

Die Geraden a und b schließen mit der x-Achse ein Dreieck ein. Berechne seinen Flächeninhalt.
Ermittle eine Gleichung der zu h parallelen Geraden k, die durch den Punkt R (3 | 3) verläuft.
Die Gerade v schließt mit den Koordinatenachsen ein Dreieck ein. Gib Eigenschaften dieses Dreiecks an.

3. Gegeben sind die Geraden g_1: $y = 0,25x - 1,25$, g_2: $2x + 3y = 10$ und g_3: $y = 3x + 7$.

a) Begründe ohne Zeichnung und ohne Rechnung, dass sich jeweils zwei der drei Geraden schneiden und dass die Schnittpunkte ein Dreieck bilden.

b) g_1 und g_2 schneiden einander im Punkt A, g_2 und g_3 in B und g_1 und g_3 in C. Ermittle rechnerisch die Koordinaten der Schnittpunkte A, B und C.

c) Trage die Geraden g_1, g_2 und g_3 sowie die Punkte A, B und C in ein Koordinatensystem (1 LE = 1 cm) ein.

d) Berechne den Flächeninhalt des Dreiecks ABC. Wie viel Prozent seiner Fläche liegen im II. Quadranten?

(5 | 0); (−1 | 4); (−3 | −2)
Lösungen zu 3.c)

4. Familie Trepl macht Urlaub. Mit dem Zug am Urlaubsort angekommen, möchte die Familie mit dem Taxi zum Hotel fahren. Am Bahnhof bieten zwei Taxiunternehmen ihre Dienste an:

a) Herr Trepl hat den Stadtplan studiert und festgestellt, dass das Hotel etwa 6 km vom Bahnhof entfernt liegt. Welches Taxiunternehmen empfiehlst du der Familie? Begründe deine Antwort.

b) Julius, der Sohn der Familie, stellt bei genauerem Hinsehen fest, dass der Vater einige Einbahnstraßen übersehen hat und dass die tatsächliche Fahrtstrecke deutlich länger ist. Erarbeite zeichnerisch und rechnerisch einen Vergleich der beiden Taxitarife und berate dann die Familie Trepl.

Kapitel 15: Zufallsexperimente; Ergebnisse; Ereignisse; Zählprinzip

Zufalls-experimente

Zufallsexperimente sind Vorgänge, deren Ergebnis **zufällig**, also nicht vorhersagbar ist.

Beispiele: Würfeln mit einem Spielwürfel, Ziehen der Lottozahlen, Drehen eines Glücksrads.

Lucas würfelt 30-mal; er unterscheidet **T**reffer (z. B. Werfen der Augenanzahl 1) und **N**iete (hier: Werfen einer der Augenanzahlen 2; 3; 4; 5 bzw. 6). Darstellung des Ergebnisses in einer

Strichliste:

Augenanzahl	Anzahl
1	ℍℍ I
nicht 1	ℍℍ ℍℍ ℍℍ ℍℍ IIII

Tabelle:

Augenanzahl	Anzahl
1	6
nicht 1	24

Ergebnismenge

Alle möglichen Ergebnisse eines Zufallsexperiments fasst man zu einer **Ergebnismenge** (man spricht auch von einem **Ergebnisraum**) zusammen; sie wird häufig mit dem Buchstaben Ω bezeichnet.

Beispiel: Zweimaliges Werfen einer 2-€-Münze
Mögliche Ergebnisse: **WW; WZ; ZW; ZZ**
Ergebnismenge Ω = {**WW; WZ; ZW; ZZ**}

Die möglichen Ergebnisse eines Zufallsexperiments lassen sich durch ein **Baumdiagramm** übersichtlich darstellen:

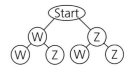

Ereignis
Sicheres Ereignis
Unmögliches Ereignis
Gegenereignis

Werden bestimmte Ergebnisse eines Zufallsexperiments zusammengefasst, so erhält man ein **Ereignis** (z. B. Werfen einer geraden Augenanzahl). Die Ergebnisse, die zu diesem Ereignis gehören, heißen **günstige Ergebnisse** (im Beispiel: die Augenanzahlen 2 und 4 und 6). Ein Ereignis, für das alle möglichen Ergebnisse eines Zufallsexperiments günstig sind, heißt **sicheres Ereignis**. Ein Ereignis, das bei diesem Zufallsexperiment nicht eintreten kann, heißt **unmögliches Ereignis**. Alle für ein Ereignis E ungünstigen Ergebnisse bilden zusammen dessen **Gegenereignis** $\overline{E}$ (im Beispiel: Werfen einer ungeraden Augenanzahl).
Ereignisse werden häufig in Mengenform angegeben.

Zählprinzip

Es sollen z. B. vier Stellen besetzt werden.
Gibt es für die Besetzung der   1. Stelle   2. Stelle   3. Stelle   4. Stelle
                                 n_1 n_2 n_3 n_4
verschiedene Möglichkeiten, so gibt es insgesamt $n_1 \cdot n_2 \cdot n_3 \cdot n_4$ verschiedene Besetzungsmöglichkeiten.

Beispiel:
Wie viele verschiedene vierstellige natürliche Zahlen kann man aus den Ziffern 2; 4; 7; 0 bilden, wenn jede dieser Ziffern

a) genau einmal   b) auch mehr als einmal

vorkommen darf?

Lösung:
a) Anzahl der möglichen Zahlen: $3 \cdot 3 \cdot 2 \cdot 1 = 18$
b) Anzahl der möglichen Zahlen: $3 \cdot 4 \cdot 4 \cdot 4 = 192$

Kapitel 15: Zufallsexperimente; Ergebnisse; Ereignisse; Zählprinzip

Aufgaben

1. In einer Urne befinden sich neun Kugeln, die mit den Ziffern von 1 bis 9 markiert sind. Jeweils drei der Kugeln sind **r**ot bzw. **b**lau bzw. **g**rün. Aus der Urne wird eine Kugel gezogen. Gib zwei verschiedene Ergebnismengen an. Welches Merkmal wurde dabei jeweils betrachtet?

2. Eine Münze und ein Würfel werden gleichzeitig geworfen. Gib eine geeignete Ergebnismenge an.

3. Aus den beiden abgebildeten Urnen wird jeweils eine Kugel gezogen. Aus den beiden so ermittelten Ziffern wird eine zweistellige Zahl gebildet. Die Kugel aus Urne 1 legt dabei die Zehnerziffer fest.

   Urne 1   Urne 2

   a) Gib die Ergebnismenge Ω an.
   b) Gib folgende Ereignisse in Mengenschreibweise an.
      E_1: „Die Zahl ist eine Quadratzahl."
      E_2: „Die Zahl ist durch 3 teilbar."
      E_3: „Die Zahl ist ein Vielfachen von 4."
      E_4: „Der Quersummenwert der Zahl ist ungerade."

4. Laura, Sophie, Gregor und Lucas nehmen beim Schulfest an einer Verlosung teil und ziehen nacheinander genau jeweils ein Los. Das Ergebnis 1001 bedeutet „Laura zieht einen Gewinn, Sophie und Gregor ziehen beide eine Niete und Lucas zieht einen Gewinn.

   a) Beschreibe folgende Ergebnisse möglichst einfach in Worten: 1111; 0000.
   b) Wie viele Ergebnisse enthält die Ergebnismenge?
   c) Gib folgende Ereignisse in Mengenschreibweise an.
      E_1: „Beide Mädchen ziehen einen Gewinn."
      E_2: „Nur die beiden Mädchen ziehen einen Gewinn."
      E_3: „Genau drei der Jugendlichen ziehen einen Gewinn."
   d) Beschreibe folgende Ereignisse in Worten.
      $E_4 = \{1000; 1100; 1110; 1111; 1010; 1011; 1001; 1101\}$
      $E_5 = \{0000; 1000; 0100; 0010; 0001\}$

5. In wie vielen verschiedenen Reihenfolgen können sich sechs Kinder an einem Getränkeautomaten anstellen?

6. Aus einer Klasse mit 25 Schülern werden drei Schüler für ein gemeinsames Referat ausgelost. Wie viele verschiedene Dreiergruppen sind möglich?

7. Ein Zahlenschloss hat vier Ringe mit den Ziffern 0, 1, 2, ..., 9.
   a) Wie viele Kombinationen sind möglich?
   b) Wie viele Kombinationen gibt es, bei denen alle Ziffern verschieden sind?
   c) Wie viele Kombinationen gibt es beiden denen genau zwei Ziffern gleich sind und aufeinanderfolgen?

8. Drei Ehepaare gehen gemeinsam in ein Lokal. An ihrem Tisch stehen auf jeder Seite drei Stühle. Wie viele Möglichkeiten der Sitzverteilung gibt es,
   a) wenn keine Einschränkungen bestehen?
   b) wenn sich die Ehepartner gegenüber sitzen möchten?

Kapitel 16: Relative Häufigkeit; Wahrscheinlichkeit

Relative Häufigkeit Wahrscheinlichkeit

Man führt ein Zufallsexperiment n-mal durch. Tritt dabei ein bestimmtes Versuchsergebnis k-mal ein, so bezeichnet man k als **absolute Häufigkeit** dieses Versuchsergebnisses und den Anteil $\frac{k}{n}$ an der Gesamtanzahl n der Durchführungen des Zufallsexperiments als **relative Häufigkeit** dieses Versuchsergebnisses. Führt man ein Zufallsexperiment sehr oft durch, so ändert sich die relative Häufigkeit, mit der ein Ereignis E eintritt, schließlich nur noch sehr wenig: Die relative Häufigkeit des Ereignisses E schwankt um eine feste Zahl. Diese Zahl bezeichnet man als die **Wahrscheinlichkeit** des Ereignisses E. Die relative Häufigkeit eines Ereignisses E ist ein **Schätzwert** für die Wahrscheinlichkeit dieses Ereignisses.

Arithmetisches Mittel

Arithmetisches Mittel = $\frac{\text{Summe aller Einzelwerte}}{\text{Anzahl aller Einzelwerte}}$

Beispiel:
Einzelwerte: 4,5 m; 4,1 m; 3,8 m
Arithmetisches Mittel (Mittelwert): $\frac{4{,}5\,m + 4{,}1\,m + 3{,}8\,m}{3} = \frac{12{,}4\,m}{3} \approx 4{,}1\,m$

Laplace-Experimente

Laplace-Experimente: Zufallsexperimente, bei denen jedes der möglichen Ergebnisse **gleich wahrscheinlich** ist. Sind bei einem Laplace-Experiment 2 (3; 4; 5; 6; ... n) verschiedene Ergebnisse möglich, so beträgt die Wahrscheinlichkeit für jedes dieser Ergebnisse $\frac{1}{2}\left(\frac{1}{3}; \frac{1}{4}; \frac{1}{5}; \frac{1}{6}; \ldots \frac{1}{n}\right)$.
Dementsprechend nennt man einen idealen Spielwürfel einen **Laplace-Würfel** (L-Würfel), eine ideale Münze **Laplace-Münze** (L-Münze).
Bei Laplace-Experimenten kann man die Wahrscheinlichkeit P(E) eines Ereignisses E direkt berechnen:

Laplace-Wahrscheinlichkeit eines Ereignisses

$P(E) = \frac{\text{Anzahl der Ergebnisse, bei denen das Ereignis E eintritt}}{\text{Anzahl aller möglichen Ergebnisse des Zufallsexperiments}} =$

$= \frac{\text{„Anzahl der günstigsten Ergebnisse"}}{\text{„Anzahl aller möglichen Ergebnisse"}}$

Aufgaben

1. Beim Werfen eines Reißnagels werden zwei Versuchsausgänge unterschieden (siehe Abbildung). Andreas wirft einen Reißnagel insgesamt n = 200-mal und erstellt für die absolute Häufigkeit k des Ereignisses S folgende Tabelle:

F   S

n	25	50	75	100	125	150	175	200
k	7	13	23	30	34	39	47	53

Berechne jeweils die relative Häufigkeit $h_n(E)$ des Ereignisses F nach n Versuchen für n ∈ {25; 50; 75; ...; 200} und erstelle ein n-h_n-Diagramm.

2. Antje macht im Freibad eine Umfrage unter 80 von ihr ausgewählten Jugendlichen. 44 der 64 befragten Jungen antworten mit „ja". Von den befragten Mädchen antworten nur 6 mit „nein".

    a) Stelle das Umfrageergebnis in einer vollständig ausgefüllten Vierfeldertafel dar.
    b) Wie viel Prozent aller befragten Jugendlichen haben mit „ja" geantwortet?
    c) Beurteile folgende Behauptung: „Jungs trauen sich eher, vom 10-m-Turm zu springen, als Mädchen."

Traust du dich, vom 10-m-Turm zu springen?

3. Da Julius bei einem Würfelspiel wiederholt verloren hat, vermutet er, dass sein Würfel die Zahl 6 nicht so häufig zeigt, wie man es erwarten könnte. Deshalb erstellt er folgende Versuchsreihe.

Anzahl n der Würfe	20	40	60	80	100	120	140	160
Abs. Häufigkeit der 6	4	7	9	10	12	13	16	19

   a) Berechne jeweils die relative Häufigkeit h_n des Ereignisses E: „Der Würfel zeigt eine 6" (runde dabei auf Hunderstel) und stelle $h_n(E)$ graphisch dar.
   b) Wie groß ist bei einem fairen Würfel die Wahrscheinlichkeit p des Ereignisses E?
   c) Um wie viel Prozent weicht die relative Häufigkeit h von der Wahrscheinlichkeit p nach 20, nach 60 bzw. nach 120 Versuchen ab?
   d) Wie beurteilst du auf Basis der Versuchsreihe Julius' Vermutung?

4. In einer Urne liegen drei weiße und zwölf schwarze Kugeln. Wie groß ist die Wahrscheinlichkeit, eine weiße Kugel zu ziehen?

5. In einer Lostrommel sind 40 gleichartige Kugeln, die mit den Zahlen von 1 bis 40 nummeriert sind. Die Kugeln mit den Nummern 1 bis 15 sind blau, die Kugeln mit den Nummern 16 bis 20 sind grün, die restlichen rot. Aus der Urne wird eine Kugel gezogen.
   a) Bestimme die Wahrscheinlichkeiten folgender Ereignisse.
      E_1: „Die gezogene Kugel ist rot."
      E_2: „Die gezogene Kugel ist nicht grün."
      E_3: „Die Nummer der gezogenen Kugel ist ein Vielfaches von 4."
      E_4: „Die gezogene Kugel ist rot und ihre Nummer ist eine Primzahl."
      E_5: „Die gezogene Kugel ist grün oder ihre Nummer ist eine Quadratzahl."
   b) Finde Ereignisse mit folgenden Wahrscheinlichkeiten. Gib diese in Worten an.
      50 %; 37,5 %; 15 %

6. Bei einer Zirkusvorstellung sind sechs Stühle nebeneinander frei. Weil sich Christian, Jörg und Barbara nicht einigen können, wer wo sitzt, legen sie ihre Plätze durch ein Zufallsexperiment fest.
   a) Beschreibe ein geeignetes Zufallsexperiment.
   b) Wie groß ist die Wahrscheinlichkeit, dass die drei direkt nebeneinander sitzen, also kein Stuhl zwischen ihnen frei bleibt?
   c) Wie groß ist die Wahrscheinlichkeit, dass die drei nebeneinander sitzen und Barbara dabei zwischen Christian und Jörg sitzt?

7. In einer Urne sind vier rote, acht gelbe, fünf blaue und 3 weiße Kugeln. Es wird eine Kugel gezogen.
   a) Berechne die Wahrscheinlichkeiten „für die einzelnen Farben".
   b) Ein Glücksrad hat vier Sektoren, die rot, gelb, blau bzw. weiß sind. Das Glücksrad wird einmal gedreht. Die Wahrscheinlichkeiten für die einzelnen Farben sind die gleichen wie die in Teilaufgabe a) berechneten. Zeichne ein geeignetes Glücksrad und beschreibe deine Überlegungen.

8. Der abgebildete Körper setzt sich aus Würfeln zusammen. Die Oberfläche des Körpers wird rot angemalt. Dann wird der Körper in seine Würfel zerlegt. Diese werden in eine Schachtel gelegt. Aus der Schachtel wird ein Würfel zufällig gezogen. Mit welcher Wahrscheinlichkeit hat dieser keine, genau eine, genau zwei, genau drei, genau vier bzw. genau fünf rot angemalte Flächen?

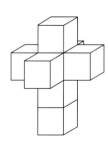

Kapitel 17: Gebrochenrationale Funktionen

Gebrochen-rationale Funktionen

Der Funktionsterm einer **gebrochenrationalen Funktion** ist ein Bruchterm, der die Variable mindestens im Nennerterm enthält.

Beispiele: $f_1: f_1(x) = \frac{1}{x}$; $D_{f_1} = \mathbb{Q}\setminus\{0\}$; $f_2: f_2(x) = \frac{2x-4}{x+1}$; $D_{f_2} = \mathbb{Q}\setminus\{-1\}$;

$f_3: f_3(x) = \frac{x^2}{x^2+1}$; $D_{f_3} = \mathbb{Q}$; $f_4: f_4(x) = \frac{3}{1-x}$; $D_{f_4} = \mathbb{Q}\setminus\{1\}$.

Die Definitionsmenge jeder gebrochenrationalen Funktion enthält diejenigen Werte der Variablen, für die der Nennerterm gleich null wird, *nicht*.

Definitionslücken

Definitionslücken einer gebrochenrationalen Funktion sind die Nullstellen des Nennerterms der Funktion.

Beispiele:

$f: f(x) = \frac{1}{x-1}$; $D_f = \mathbb{Q}\setminus\{1\}$

Die Funktion f hat die Definitionslücke 1; f besitzt keine Nullstelle.

Wertetabelle

x	−3	−1	0	1	2	3	5
f(x)	−0,25	−0,5	−1	−	1	0,5	0,25

$f: f(x) = \frac{10x}{x^2+1}$; $D_f = \mathbb{Q}$

Der Nennerterm hat stets mindestens den Wert 1; er wird also nie gleich null, und deshalb hat f keine Definitionslücke. Die Funktion f hat die Nullstelle 0.

Wertetabelle:

x	0	±0,5	±1	±2	±3	±4	±5
f(x)	0	±4	±5	±4	±3	≈ ±2,4	≈ ±1,9

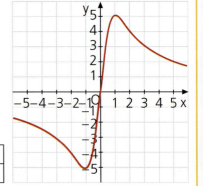

Aufgaben

1. Gib für jede der drei Funktionen die maximal mögliche Definitionsmenge an, erstelle jeweils eine Wertetabelle im Intervall −5 ≦ x ≦ 5 (Schrittweite 1) und zeichne den Funktionsgraphen (Einheit 1 cm).

   a) $f: f(x) = \frac{4}{x}$ b) $f: f(x) = -1 + \frac{2}{x}$ c) $f: f(x) = -\frac{1}{x} + 2$

2. Ermittle für jede der drei Funktionen die größtmögliche Definitionsmenge und die Nullstelle.

   a) $f: f(x) = \frac{x-4}{x+5}$ b) $f: f(x) = \frac{2x-1}{x(x-3)}$ c) $f: f(x) = \frac{x^2}{x^2-36}$

3. Entscheide jeweils rechnerisch, ob die angegebenen Punkte oberhalb des Graphen G_f, auf G_f oder unterhalb von G_f liegen.

   a) $f: f(x) = \frac{2}{x+3}$; $D_f = \mathbb{Q}\setminus\{-3\}$ A (1 | 1,5), B (7 | 0,25), C (−8 | −0,5)

   b) $f: f(x) = \frac{x^2}{x^2+4}$; $D_f = \mathbb{Q}$ P (0,25 | $\frac{1}{18}$), Q (2 | 0,5), R (−10 | 0,96)

Kapitel 17: Gebrochenrationale Funktionen

4. Ordne jedem der drei Funktionsgraphen den passenden Funktionsterm $f_1, \ldots, f_5$ zu und begründe deine Entscheidungen.

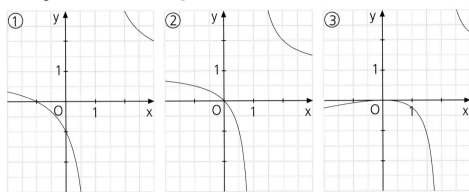

$f_1(x) = \dfrac{x}{x-1}$ $\quad f_2(x) = \dfrac{x+1}{x-2}$ $\quad f_3(x) = \dfrac{x}{x+1}$ $\quad f_4(x) = \dfrac{x+1}{x-1}$ $\quad f_5(x) = \dfrac{0{,}25x^2}{x-2}$

5. Ermittle jeweils die größtmögliche Definitionsmenge und zeichne den Funktionsgraphen mithilfe einer geeigneten Wertetabelle.

a) $f: f(x) = \dfrac{x+2}{x-2}$ b) $g(x) = \dfrac{4x^2}{x^2+1}$ c) $h: h(x) = \dfrac{x}{2} - \dfrac{1}{2x}$

(I) Berechne $f(x)$ für $x \in \{1; 10; 100; 1000\}$ und interpretiere deine Ergebnisse im Hinblick auf G_f.
(II) Bilde den Term $g(-x)$ und vereinfache ihn. Was fällt dir auf? Was bedeutet das für den Graphen G_g?
(III) Trage in das Koordinatensystem von Teilaufgabe c) die Gerade $p: y = \dfrac{1}{2}x$ ein. Was fällt dir auf?

6. a) Gib zu jedem der folgenden Funktionsterme die maxmiale Definitionsmenge an und zeichne dann die Funktionsgraphen mithilfe geeigneter Wertetabellen in ein gemeinsames Koordinatensystem.

$f(x) = \dfrac{4}{x} \qquad g_1(x) = \dfrac{4}{x} - 2 \qquad g_2(x) = \dfrac{4}{x+1} \qquad g_3(x) = \dfrac{4}{x+1} - 2$

b) Ermittle mithilfe der Zeichnung alle Schnittpunkte der beiden Funktionsgraphen G_{g_1} und G_{g_2} und überprüfe deine Ergebnisse rechnerisch.
c) Wie geht der Graph von g_1, g_2 bzw. g_3 aus dem Graphen G_f von f hervor?

7. Gib jeweils eine passende gebrochenrationale Funktion an.
a) f hat die Nullstelle $x = 2$; $D_f = \mathbb{Q}\setminus\{-1\}$.
b) g besitzt keine Nullstellen; $D_g = \mathbb{Q}\setminus\{0; -3\}$.
c) h besitzt die Nullstellen $x_1 = 2$ und $x_2 = 0$; $D_h = \mathbb{Q}\setminus\{-1; 1\}$.
d) k besitzt weder Nullstellen noch Definitionslücken.
e) m besitzt die Nullstelle $x = 0$ und keine Definitionslücken.

8. Gegeben sind die Funktionen $f: f(x) = \dfrac{x^2}{x-1}$; $D_f = \mathbb{Q}\setminus\{1\}$, und $g: g(x) = \dfrac{16(x-1)}{x^2}$; $D_g = \mathbb{Q}\setminus\{0\}$.
Zeige, dass ihre Graphen G_f und G_g den Punkt $P(2 \mid 4)$ gemeinsam haben.

Kapitel 18: Bruchterme

Bruchterme Definitionsmenge
Tritt die Variable auch im Nennerterm eines Bruchs auf, so spricht man von einem **Bruchterm**. Die Nullstellen des Nennerterms gehören nicht zur **Definitionsmenge** des Bruchterms.

Erweitern und Kürzen
Bruchterme können wie Brüche **erweitert** und **gekürzt** werden. Beim **Erweitern** werden der Zähler **und** der Nenner eines Bruchterms mit der gleichen Zahl (mit dem gleichen Term) multipliziert. Beim **Kürzen** werden der Zähler **und** der Nenner eines Bruchterms durch die gleiche Zahl (durch den gleichen Term) dividiert.
Beispiele:
$\frac{2}{x-1} = \frac{2x}{x(x-1)}$; $D = \mathbb{Q}\setminus\{0; 1\}$; der Bruchterm wurde mit x erweitert.
$\frac{2x}{x(x-1)} = \frac{2}{x-1}$; $D = \mathbb{Q}\setminus\{0; 1\}$; der Bruchterm wurde mit x gekürzt.
Beachte: Die größtmögliche Definitionsmenge kann sich beim Erweitern bzw. Kürzen eines Bruchterms ändern.

Addieren und Subtrahieren
Bruchterme können wie Brüche **addiert** bzw. **subtrahiert** werden. Gleichnamige Bruchterme werden addiert (subtrahiert), indem man ihre Zähler addiert (subtrahiert) und den gemeinsamen Nenner beibehält. Ungleichnamige Bruchterme werden vor dem Addieren (Subtrahieren) gleichnamig gemacht.
Beispiele:
$\frac{6}{x-3} + \frac{4}{x-3} = \frac{10}{x-3}$; $D = \mathbb{Q}\setminus\{3\}$
$\frac{1}{y} - \frac{7}{2y} = \frac{1 \cdot 2}{2y} - \frac{7}{2y} = \frac{2-7}{2y} = -\frac{5}{2y}$; $D = \mathbb{Q}\setminus\{0\}$

Multiplizieren und Dividieren
Bruchterme können wie Brüche **multipliziert** bzw. **dividiert** werden. Bruchterme werden miteinander multipliziert, indem man das Produkt ihrer Zähler durch das Produkt ihrer Nenner dividiert.
Beispiel:
$\frac{x-3}{x} \cdot \frac{x-1}{x-3} = \frac{(x-3)(x-1)}{x(x-3)} = \frac{x-1}{x}$; $D = \mathbb{Q}\setminus\{0; 3\}$
Ein Bruchterm wird durch einen zweiten dividiert, indem man den ersten Bruchterm mit dem Kehrbruch des zweiten multipliziert.
Beispiel:
$\frac{x-4}{x} : \frac{x-4}{x+2} = \frac{x-4}{x} \cdot \frac{x+2}{x-4} = \frac{(x-4)(x+2)}{x(x-4)} = \frac{x+2}{x}$; $D = \mathbb{Q}\setminus\{-2; 0; 4\}$

Aufgaben

1. Berechne die Potenzwerte jeweils ohne Taschenrechner.
   a) 5^2; 5^{-2}; $(-5)^2$; $(-5)^3$; 5^{-3}; $(-5)^0$
   b) $\left(\frac{1}{4}\right)^{-2}$; $\left(-\frac{1}{4}\right)^3$; $\left(\frac{1}{0{,}25}\right)^{-1}$; $\left(\frac{1}{4}\right)^{-3}$; $\left(-\frac{3}{4}\right)^{-1}$

Gleitkommadarstellung: $a \cdot 10^b$ mit $1 \leq a < 10$ und $b \in \mathbb{Z}$

2. Schreibe die Maßzahlen der angegebenen Größen in Gleitkommadarstellung.
   a) Lichtgeschwindigkeit: 299 792 458 $\frac{m}{s}$
   b) Solarkonstante: 1 360 $\frac{W}{m^2}$
   c) Normaldruck: 101 325 Pa
   d) Elektrische Feldkonstante: 0,000 000 000 008 854 187 8 $\frac{F}{m}$

3. Berechne jeweils den Termwert ohne Taschenrechner.
   a) $5^3 - (-2)^2 \cdot 3^5$
   b) $\left(\frac{2}{3}\right)^{-2} \cdot \left(\frac{1}{4}\right)^{-1} + 3^0 : (0{,}2)^3$
   c) $3^{-1} - \left(\frac{1}{3}\right)^2$

Kapitel 18: Bruchterme

4. Schreibe als Potenz mit positivem Exponenten.
  a) $(2^3)^4$
  b) $\left(\frac{1}{8^3}\right)^2$
  c) $9^{-2} \cdot \left(\frac{1}{27}\right)^4 : (-3)^2$
  d) $256 : \left(\frac{1}{32}\right)^{-3}$

5. Vereinfache jeden der Terme möglichst weitgehend.
  a) $a^7 \cdot a^{-2}$
  b) $b^{-3} : (-b)^{-5}$
  c) $\left(\frac{1}{c^2}\right)^3 \cdot (-c^3)^{-2} : \frac{1}{c^{-5}}$
  d) $\left(\frac{x^2 y^{-3}}{-x \cdot \frac{1}{y}}\right)^{-2}$
  e) $\frac{x^3 \cdot x^{-5}}{x^2}$
  f) $\frac{x^{-3} \cdot x^5}{x^{-2}}$
  g) $\frac{x^{-3} \cdot x^{-5}}{x^4}$
  h) $(2x)^{-2} : \frac{4}{x^2}$
  i) $y^{-3} \cdot y^6 + y^3$
  j) $\left(3 \cdot \frac{1}{x}\right) : (3x)$
  k) $(x^n \cdot x^{-n})^n$
  l) $\left(\frac{z}{4} \cdot \frac{4}{z^{-2}}\right) : \left(\frac{8}{z^2} : z^{-5}\right)$

6. Vereinfache jeweils möglichst weitgehend.
  a) $2t^2 \cdot \left(-\frac{3}{t^{-1}}\right) - (-2t)^2 \cdot (-t)$
  b) $\frac{2}{3u} \cdot \left(\frac{1}{2} u^2\right) + \frac{1}{6} u^3 \cdot (2u)^{-2}$
  c) $\frac{2}{x-3} \cdot \frac{4x-12}{5}$
  d) $\frac{x(x-1)}{x^2} : \frac{2-2x}{x^3}$
  e) $\frac{2x+3}{x+1} \cdot \frac{-4x-4}{9+6x}$
  f) $(y-3) : \frac{6-2y}{y+3}$

7. Bilde Kartenpaare, auf denen jeweils zueinander äquivalente Terme stehen ($a \neq 0$; $a \neq -1$).

  $a + a^{-1}$ $\frac{1}{1+a}$ $a + \frac{1}{a}$ $\left(\frac{a}{a+1}\right)^{-1}$

  $\frac{a+1}{a}$ $1 + \frac{1}{a^{-1}}$ $\frac{a^{-1}}{a^{-1}+1}$ $a+1$

8. Auf jedem Mauerstein steht das möglichst weitgehend vereinfachte Produkt der beiden Terme, die auf den Steinen direkt darunter stehen. Ergänze die Mauern.

a)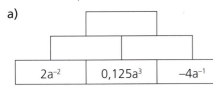

b)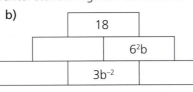

(1) Für welche Werte von a hat der Term auf dem obersten Stein der linken Mauer einen positiven Wert? Für welchen Wert von a ist er gleich 1?
(2) Berechne den Wert der Summe der Werte aller Terme in der rechten Mauer für $b = 0{,}5$.

9. Erweitere jeweils auf den Hauptnenner.
  a) $\frac{1}{x}; \frac{2}{x-1}$
  b) $\frac{3}{x}; \frac{4}{5x^2}$
  c) $\frac{x-1}{x+1}; \frac{1}{x^2+1}$
  d) $\frac{y+3}{y^3}; \frac{y-3}{y^2}$
  e) $2; \frac{1}{y}$
  f) $-1; \frac{1}{y^2}$

10. Ersetze jeweils den Platzhalter ■ so, dass die Termumformung richtig ist.
  a) $\frac{a+2}{a} = ■ + \frac{2}{a}$; $a \neq 0$
  b) $\frac{b^2-b}{b^2} = 1 - ■$; $b \neq 0$
  c) $\frac{1}{c} = \frac{■}{2c^2}$; $c \neq 0$
  d) $\frac{d-1}{d+1} = 1 - \frac{■}{d+1}$; $d \neq -1$
  e) $\frac{e^2}{e^2+1} = 1 - \frac{■}{e^2+1}$
  f) $\frac{■}{f+1} = 2$; $f \neq -1$
  g) $\frac{1}{2} = \frac{g^2}{■}$; $g \neq 0$
  h) $\frac{1}{4} = \frac{2h+1}{■ \cdot 4}$; $h \neq -\frac{1}{2}$

Kapitel 19: Bruchgleichungen

Bruchgleichungen

Bruchgleichungen sind Gleichungen, bei denen die Variable in mindestens einem der Nenner auftritt.

Graphische Lösung

Man zeichnet die Funktionsgraphen der beiden Gleichungsseiten und liest die x-Koordinaten aller gemeinsamen Punkte ab.

Beispiel:

$\frac{1}{x} = \frac{2}{6-x}$; $D = \mathbb{Q} \setminus \{0; 6\}$

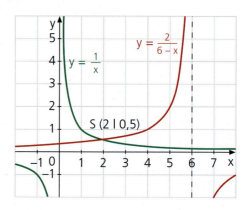

Die Graphen der Funktionen

f: $f(x) = \frac{1}{x}$; $D_f = \mathbb{Q} \setminus \{0\}$, und g: $g(x) = \frac{2}{6-x}$; $D_g = \mathbb{Q} \setminus \{6\}$,

haben nur den Punkt S (2 | 0,5) gemeinsam; die Bruchgleichung $\frac{1}{x} = \frac{2}{6-x}$ hat also die Lösungsmenge L = {2}.

Rechnerische Lösung

Definitionsmenge angeben: $D = \mathbb{Q} \setminus \{0; 6\}$

Beide Seiten der Bruchgleichung mit einem gemeinsamen Nenner (am besten mit dem Hauptnenner) aller Bruchterme multiplizieren und anschließend kürzen:

$\frac{1}{x} = \frac{2}{6-x}$; | · x(6 − x)

$\frac{1 \cdot x(6-x)}{x} = \frac{2 \cdot x(6-x)}{6-x}$;

$6 - x = 2x$

Vereinfachte Gleichung wie üblich lösen und dann prüfen, ob die ermittelte Lösung zur Definitionsmenge gehört:

$6 - x = 2x$; | − 2x − 6
$-3x = -6$; | : (−3)
$x = 2 \in D$

Probe machen: LS: $\frac{1}{2}$; RS: $\frac{2}{6-2} = \frac{2}{4} = \frac{1}{2}$; LS = RS ✓

Lösungsmenge angeben: L = {2}.

Aufgaben

1. Kürze so weit wie möglich.

   a) $\frac{24a^4 b^3 c^3}{36a^2 bc^4}$ b) $\frac{(5x^2 y)^2}{35x^3 y^3}$ c) $\frac{4x^2 - 12x}{6x^2}$ d) $\frac{9a^2 b - 9ab^2}{3b^2 - 3ab}$ e) $\frac{xy - 1}{y - 1}$

2. Vereinfache jeden der Terme möglichst weitgehend.

   a) $\frac{a-2}{a^2} - \frac{2}{3a}$ b) $\frac{b-1}{b} + \frac{b}{b+1}$ c) $\frac{x-1}{4x+2} - \frac{x^2+1}{2x^2+x}$ d) $\frac{4}{15} \left(\frac{r}{s}\right)^2 \cdot \left(-\frac{25s}{12r^3}\right)$

   e) $\frac{2a+2b}{a^2-ab} \cdot \frac{a^3-a^2 b}{6a+6b}$ f) $\frac{8x^2}{x-y} : \frac{6xy}{y-x}$ g) $\frac{5v+6u}{15uv} : \frac{1}{30u^2}$ h) $\frac{2k-6}{6-3k} \cdot \frac{2-k}{3-k} + \frac{4}{3k}$

Kapitel 19: Bruchgleichungen

3. Gib jeweils die Definitionsmenge an und ermittle die Lösungsmengen über $G = \mathbb{Q}$.

a) $\frac{2}{x} - 3 = -\frac{1}{x}$
b) $\frac{4x}{x-4} = 2$
c) $\frac{x}{x+3} = \frac{x-2}{x-1}$
d) $\frac{4}{x} - \frac{x-1}{x+1} = -1$

e) $\frac{3}{2x-6} - \frac{1}{3} = \frac{x}{3-x}$
f) $\frac{x}{2x-1} \cdot \left(\frac{2}{3} + \frac{1}{x-2}\right) = \frac{1}{3} - \frac{1}{3x}$
g) $\frac{1}{x} = 2 - \frac{4}{x}$

4. Löse jede Formel nach der in Klammern angegebenen Variablen auf.

a) $A = \frac{1}{2} gh$ [g]
b) $A = \frac{a+c}{2} \cdot h$ [c]
c) $s = \frac{1}{2} at^2$ [a]

d) $P = \frac{W}{t}$ [t]
e) $\frac{1}{R} = \frac{1}{R_1} + \frac{1}{R_2}$ [R_1]
f) $F = G \frac{m_1 m_2}{r^2}$ [m_2]

5. a) Gib die Definitionsmengen der Funktionen f: $f(x) = \frac{2}{x}$ und g: $g(x) = \frac{1}{x+1}$ an und trage G_f und G_g mithilfe einer Wertetabelle in ein gemeinsames Koordinatensystem (1 LE = 1 cm) ein.

b) Löse zeichnerisch und rechnerisch: (i) $f(x) = 4$ (ii) $g(x) = 4$

c) Zeige, dass die Gleichung $\frac{2}{x+1} = x$ die Lösungen $x_1 = -2$ und $x_2 = 1$ hat.

d) Bestimme rechnerisch die Koordinaten des Schnittpunkts S von G_f und G_g und überprüfe dein Ergebnis anhand der gezeichneten Funktionsgraphen.

e) Die Parallele zur x-Achse durch den Punkt S (−2 | −1) schneidet die Gerade g: $y = x$ im Punkt T. Die Punkte O (0 | 0), R (−3 | 0), S und T bilden ein Viereck. Gib Eigenschaften dieses Vierecks an und berechne seinen Flächeninhalt.

6. Der Nenner eines Bruches ist um 6 größer als der Zähler. Addiert man eins zum Nenner und 19 zum Zähler, so erhält man einen Bruch, der den gleichen Wert besitzt wie der Kehrbruch des ursprünglichen Bruchs. Bestimme den ursprünglichen Bruch.

7. Damit eine Linse ein scharfes Bild eines Gegenstands erzeugt, muss zwischen der Brennweite f der Linse, dem Abstand g des Gegenstands von der Linse und dem Abstand b des Bilds von der Linse der Zusammenhang $\frac{1}{f} = \frac{1}{g} + \frac{1}{b}$ erfüllt sein.

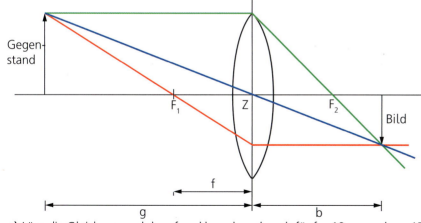

a) Löse die Gleichung nach b auf und berechne dann b für f = 10 cm und g = 15 cm.

b) Der Abstand zwischen Gegenstand und Schirm beträgt 100 cm. Wo muss eine Linse der Brennweite 25 cm aufgestellt werden, damit auf dem Schirm ein scharfes Bild des Gegenstand entsteht?

Hinweis: Bei der Lösung der Aufgabe musst du einen quadratischen Term mithilfe der binomischen Formel $(x - y)^2 = x^2 - 2xy + y^2$ faktorisieren.

Kapitel 20: Zentrische Streckung; Strahlensätze; Ähnlichkeit

Zentrische Streckung

Die **zentrische Streckung** ist ein Verfahren, mit dem man eine Figur maßstäblich **vergrößern** oder **verkleinern** kann; sie wird durch das **(Streck-)Zentrum Z** und den **Streckfaktor k** ($k \in \mathbb{Q}^+$) festgelegt:

Für jede zentrische Streckung mit Streckfaktor k gilt:
- Der Bildpunkt A' zu einem Punkt A liegt stets auf der Halbgeraden [ZA, und es ist $\overline{ZA'} = k \cdot \overline{ZA}$.
- Jede Gerade g (bzw. Strecke [AB]) und ihre Bildgerade g' (bzw. Bildstrecke [A'B']) sind zueinander parallel.
- Die Bildstrecke s' ist stets k-mal so lang wie die Originalstrecke s.
- Der Winkel α und sein Bildwinkel α' sind stets gleich groß.

Strahlensätze

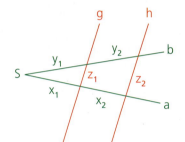 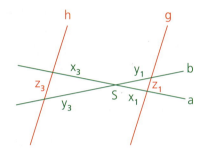

1. Strahlensatz

Wenn zwei Halbgeraden (Strahlen) bzw. zwei Geraden a und b mit dem gemeinsamen Punkt S von zwei zueinander parallelen Geraden g und h geschnitten werden, dann verhalten sich die Längen irgendwelcher zwei Abschnitte auf der einen Halbgeraden bzw. der einen Geraden ebenso wie die Längen der entsprechenden beiden Abschnitte auf der anderen Halbgeraden bzw. der anderen Geraden:

z. B. $\dfrac{x_1}{x_2} = \dfrac{y_1}{y_2}$ bzw. $\dfrac{x_1}{x_3} = \dfrac{y_1}{y_3}$.

2. Strahlensatz

Wenn zwei Halbgeraden (Strahlen) bzw. zwei Geraden a und b mit dem gemeinsamen Punkt S von zwei zueinander parallelen Geraden g und h geschnitten werden, dann verhalten sich die Längen der Parallelstrecken wie die Längen der vom Punkt S bis zu ihnen hin verlaufenden Abschnitte auf jeder der beiden Halbgeraden bzw. Geraden: z. B. $\dfrac{z_1}{z_2} = \dfrac{x_1}{x_1 + x_2}$ bzw. $\dfrac{z_1}{z_3} = \dfrac{x_1}{x_3}$.

Ähnliche Figuren Ähnlichkeitsfaktor

Wird eine Originalfigur im Maßstab k ($k \in \mathbb{Q}^+ \setminus \{1\}$) vergrößert bzw. verkleinert, so nennt man die Bildfigur und die Originalfigur zueinander **ähnlich**. Der Maßstab k heißt **Ähnlichkeitsfaktor**.

Für zueinander ähnliche Figuren gilt:
- Einander entsprechende Winkel sind stets gleich groß.
- Längenverhältnisse einander entsprechender Strecken sind stets gleich.

Im Fall k = 1 sind Original- und Bildfigur zueinander **kongruent** (und damit ebenfalls zueinander ähnlich).

Ähnlichkeitssätze für Dreiecke

- Wenn zwei Dreiecke ABC und A'B'C' in allen **Längenverhältnissen entsprechender Seiten** übereinstimmen, dann sind sie zueinander ähnlich.
- Wenn zwei Dreiecke ABC und A'B'C' in den Größen aller **Winkel** übereinstimmen, dann sind sie zueinander ähnlich.

Kapitel 20: Zentrische Streckung; Strahlensätze; Ähnlichkeit

Aufgaben

1. Ein Rechteck ist 4,0 cm lang und 3,0 cm breit. Es wird mit dem Streckfaktor k = 2,5 vergrößert.
   a) Berechne den Flächeninhalt A des ursprünglichen Rechtecks sowie den Flächeninhalt A* des vergrößerten Rechtecks.
   b) Es ist A* = m · A; berechne m. Was fällt dir auf?

2. Übertrage die Abbildung in dein Heft. B* (bzw. C*) ist das Bild von B (bzw. von C) bei der zentrischen Streckung mit dem Zentrum Z = A und dem Streckfaktor k. Berechne k sowie den Flächeninhalt des Vierecks B*BCC*.

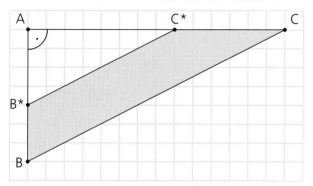

3. Zeichne einen Kreis K mit dem Mittelpunkt M und der Radiuslänge 4,0 cm.
   a) Bestimme das Bild K* von K bei einer zentrischen Streckung mit dem Zentrum M und dem Streckfaktor $\frac{3}{4}$.
   b) Berechne, wie viel Prozent der Fläche des Kreises K der Kreis K* einnimmt.

4. Übertrage das Parallelogramm ABCD in dein Heft. D ist der Bildpunkt von S bei der zentrischen Streckung mit dem Zentrum B und dem Streckfaktor k.
   a) Ermittle k.
   b) Konstruiere das Bildparallelogramm.

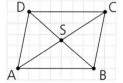

5. Trage die Punkte A (1 | 3), B (4 | 1), C (4 | 4) und Z (0 | 3) in ein Koordinatensystem (−2 ≦ x ≦ 12, −4 ≦ y ≦ 9, Einheit 1 cm) ein.
   a) Strecke das Dreieck ABC vom Streckungszentrum Z aus mit dem Streckfaktor 2,5 und gib die Koordinaten der Bildpunkte A', B' und C' an.
   b) Ermittle die Flächeninhalte F bzw. F' der Dreiecke ABC bzw. A'B'C' und berechne das Flächenverhältnis F' : F. Was fällt dir auf?

6. Im Dreieck ABC ist a = 6 cm, h_a = 5 cm und β = 60°.
   a) Konstruiere das Dreieck ABC, beschreibe dein Vorgehen und berechne den Flächeninhalt F des Dreiecks ABC.
   b) L ist der Fußpunkt des Lots von A auf [BC]. Konstruiere F.
   c) Das Dreieck ABC wird von L aus mit dem Streckfaktor k = 0,75 gestreckt. Zeichne das Bilddreieck A'B'C' und berechne seinen Flächeninhalt F'. Was fällt dir auf?

7. Zeichne einen Kreis K mit Mittelpunkt M und Radiuslänge r = 2,5 cm und einen Punkt Z auf der Kreislinie. Der Kreis K wird von Z aus mit dem Faktor 1,5 gestreckt. Welche Radiuslänge r' hat der Bildkreis K'? Konstruiere den Mittelpunkt M' von K' und zeichne k'.

8. Berechne jeweils die fehlenden Streckenlängen. Die Zeichnungen sind nicht maßstabsgetreu. Es gilt stets g ∥ h.

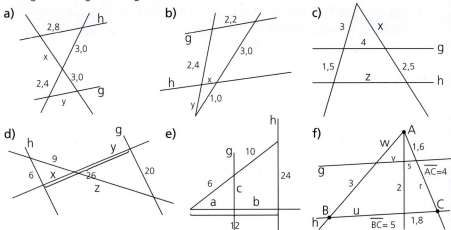

9. Zur Bestimmung der Entfernung x zweier am Ufer eines Sees gelegener Orte B und C kann man – wie in der Abbildung angedeutet – vorgehen. Welche Längen müssen gemessen werden? Wie ergibt sich aus ihnen die gesuchte Länge x?

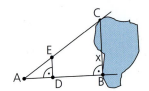

10. Das Försterdreieck ist ein einfaches Hilfsmittel zur Höhenbestimmung von senkrechten Objekten wie Bäumen oder Masten. Es besteht aus zwei zueinander senkrechten Stäben, von denen einer verschoben werden kann. Damit wird das zu messende Objekt anvisiert.

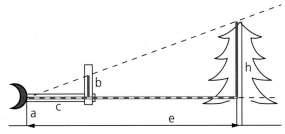

h ist die gesuchte Höhe, a ist die Augenhöhe des Beobachters, e seine Entfernung vom zu messenden Objekt. Berechne die gesuchte Höhe h für a = 1,6 m, b = 15 cm, c = 25 cm und e = 28 m.

11. ABCD ist ein Parallelogramm (siehe Abbildung). Gib einen Term für die Seitenlänge a in Abhängigkeit von c = $\overline{EC}$, d und e an.

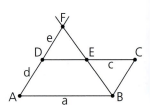

12. Im Dreieck ABC ist a = 3 cm, b = 4 cm und α = 45°.
   a) Fertige eine Planfigur an und formuliere eine Beschreibung für die Konstruktion des Dreiecks ABC. Warum ist das Dreieck nicht eindeutig zu konstruieren?
   b) Führe die Konstruktion aus und benenne die entstehenden Dreiecke so mit AB_1C und AB_2C, dass AB_2C stumpfwinklig ist.
   c) Verlängere [CA] über A hinaus um 2 cm und benenne den Endpunkt mit P. Zeichne eine zu [CB₂] parallele Gerade durch P. Diese schneidet [B₁A im Punkt Q. Vergleiche die Verhältnisse $\frac{\overline{AP}}{b}$ und $\frac{\overline{PQ}}{a}$.

Kapitel 20: Zentrische Streckung; Strahlensätze; Ähnlichkeit

13. ABCD ist ein gleichschenkliges Trapez mit den Parallelseitenlängen a = $\overline{AB}$ = 7 cm und c = $\overline{DC}$ = 3 cm. Die Höhe des Trapezes beträgt h = 3 cm. Die Halbgeraden [AD und [BC schneiden einander im Punkt Z.

a) Zeichne das Trapez ABCD in wahrer Größe und trage den Punkt Z in die Zeichnung ein.

b) Gregor verwendet nebenstehenden Ansatz zur Berechnung einer Streckenlänge x. Finde heraus, welche Bedeutung die Streckenlänge x in der Figur hat und berechne x.

Gregors Ansatz:
$$\frac{x}{x - 3 \text{ cm}} = \frac{3{,}5 \text{ cm}}{1{,}5 \text{ cm}}$$

c) Berechne die Flächeninhalte des Trapezes ABCD und der Dreiecke ABZ und DCZ. Welchen Bruchteil der Fläche des Dreiecks ABZ nimmt das Trapez ABCD ein?

d) Eine zentrische Streckung bildet das Dreieck ABZ auf das Dreieck DCZ ab. Ermittle das Zentrum sowie den Streckungsfaktor und vergleiche ihn mit dem Quotienten der Dreiecksflächen.

14. Welche Geraden sind zueinander parallel? Begründe deine Antwort.

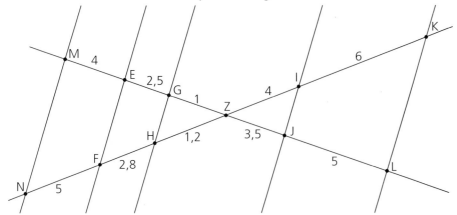

15. Finde zueinander ähnliche Figuren.

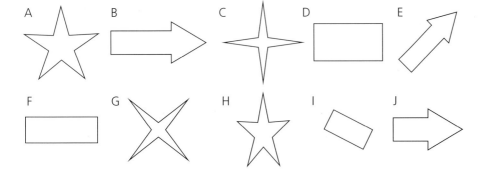

16. Von dem Negativ eines Bilds mit den Maßen 24 mm × 36 mm werden vergrößerte Abzüge im Format

a) 18 cm × 27 cm   b) 20 cm × 30 cm   c) 30 cm × 45 cm

hergestellt. Bestimme jeweils den Vergrößerungsfaktor.

17. Untersuche jeweils, ob die beiden Dreiecke zueinander ähnlich sind. (Abbildungen nicht maßstäblich).

a)
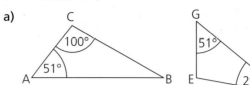

b)
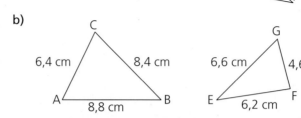

18. Entscheide, ob aus den Angaben folgt, dass die Dreiecke ABC und DEF zueinander ähnlich sind. Begründe deine Entscheidung.

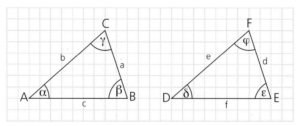

a) a = 3 cm, b = 6 cm, c = 7,5 cm, e = 3 cm, f = 4 cm, d = 5 cm
b) α = 80°, β = 65°, δ = 65°, ε = 35°
c) a = 4 cm, b = 6 cm, γ = 52°, d = 4,8 cm, f = 3,6 cm, ε = 52°
d) α = β = 45°, φ = 90°
e) α = 40°, b = c, ε = δ = 70°
f) a = 8 cm, c = 14 cm, β = 43°, d = 3,2 cm, f = 5,6 cm, ε = 43°

19. Das Viereck ABCD ist ein 4 cm langes und 3 cm breites Rechteck; $\overline{BD}$ = 5 cm.
Begründe, dass die Dreiecke Δ ABD, Δ FBC und Δ DFC zueinander ähnlich sind,
berechne $\overline{DF}$ = x sowie $\overline{FB}$ = y und zeige, dass $\frac{x}{y} = \frac{a^2}{b^2}$ ist.

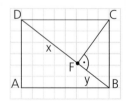

20. Ergänze jeweils den Satz zu einer wahren Aussage.
a) Rechtecke sind stets zueinander ähnlich, ... wenn sie im Verhältnis ihrer Länge zu ihrer Breite übereinstimmen.
b) Rauten sind stets zueinander ähnlich, wenn ...
c) Quadrate...
d) Gleichseitige Dreiecke ...
e) Rechtwinklige Dreiecke ...
f) Gleichschenklige Dreiecke ...